太阳能热水工程实例汇编

何　涛　张昕宇　王　敏　李博佳　主编

中国建筑工业出版社

图书在版编目（CIP）数据

太阳能热水工程实例汇编/何涛等主编. —北京：中国建筑工业出版社，2019.1
ISBN 978-7-112-22727-3

Ⅰ. ①太… Ⅱ. ①何… Ⅲ. ①太阳能水加热器-热水供应系统-案例-汇编 Ⅳ.①TK515

中国版本图书馆 CIP 数据核字（2018）第 218723 号

责任编辑：张文胜　杜　洁　刘　江
责任设计：李志立
责任校对：芦欣甜

太阳能热水工程实例汇编

何　涛　张昕宇　王　敏　李博佳　主编

*

中国建筑工业出版社出版、发行（北京海淀三里河路 9 号）

各地新华书店、建筑书店经销

霸州市顺浩图文科技发展有限公司制版

天津安泰印刷有限公司印刷

*

开本：787×1092 毫米　1/16　印张：12¾　字数：317 千字
2019 年 1 月第一版　　2019 年 1 月第一次印刷
定价：42.00 元
ISBN 978-7-112-22727-3
（32826）

本书指导委员会

本书编写委员会

前　　言

我国太阳能热利用是世界上技术相对成熟、产业发展兴旺、应用范围广泛的重要领域。太阳能热利用在我国有一个比较特殊的发展历程。由于早期城乡居民生活能源供给严重短缺，为太阳能热利用提供了天然的发展空间。生活热水的使用作为衡量社会文明程度和生活水平的重要标志，改革开放以来，随着人民生活水平的不断提高，对生活热水的需求日益强烈，太阳能热利用产业大量兴起。20世纪90年代中期，随着建筑节能工作的逐步开展，太阳能等可再生能源作为建筑用能的重要组成部分也得到快速发展，特别是2006年我国《可再生能源法》实施以来，在国家一系列支持太阳能利用的专项资金和政策的引导下，全国太阳能热利用突飞猛进。"十二五"期间，我国有许多省份都出台了新建建筑强制安装太阳能热水系统的政策。我国已成为安装量占世界第一位的太阳能热水系统使用国，在降低建筑能耗的同时，也为应对全球气候变暖做出了积极的贡献。

国家发展改革委2013年7月批准启动了"煤炭、电力、建筑、建材行业低碳技术创新及产业化示范工程项目"，其中涉及了一些太阳能热利用在建筑上的应用项目。在组织和实施这些项目过程中，发现国内有一大批企业和科研单位在太阳能与建筑结合方面做了大量探索和实践，开发、生产、应用了建筑构件式的太阳能热利用设备，并结合我国高层建筑多的实际，解决了多年太阳能与建筑结合得不够好的问题，取得了不错的效果。

为了进一步总结和宣传推广这些好成果、好经验，住房城乡建设部建筑节能与科技司委托中国建筑科学研究院有限公司开展了"太阳能热水工程典型工程实例集"课题研究。中国建筑科学研究院有限公司依据课题成果，编制了这本《太阳能热水工程实例汇编》。通过对典型太阳能热水系统工程亮点和运行效果的说明和分析，推荐了太阳能热水系统的成功应用经验。本书可作为开展技术交流的培训资料，也可为房地产开发商、用户和太阳能热利用企业等参考使用。希望本书的出版能够更好地促进我国太阳能热水应用，乃至整个可再生能源产业的进一步持续健康发展。

本书的编写得到"十三五"国家重点研发计划项目"藏区、西北及高原地区可再生能源采暖空调新技术"（2016YFC0700400）和中国建筑科学研究院有限公司应用技术研究课题20170109330730011的支持，在此一并表示感谢。

目　　录

第1部分
太阳能热水系统优化设计及效益评价

第1章 概　　论

1.1 总则

太阳能热水工程涉及建筑行业和太阳能热利用企业，其规划、设计与建设包括了建筑、结构、给水排水和电气等各个专业，是一个综合性的系统工程，必须纳入建筑工程管理体系，对太阳能热水系统的优化设计、施工安装、系统调试、工程验收、运行维护与性能监测的全过程严格质量控制，才能真正实现预期的节能、环保效益，并获得良好的经济性。

应根据当地的太阳能资源、气候条件、消费水平、建筑类型、用户使用要求和运行维护能力等综合影响因素，进行技术经济比较，做到因地制宜、优化设计；使太阳能热水系统能够全年使用，供热功能（水量、水压）和热水品质（水温、水质）符合相关国家标准（《建筑给水排水设计规范》GB 50015、《民用建筑太阳能热水系统应用技术规范》GB 50364）的规定。

对新建建筑，应将太阳能热水系统的设计作为建筑给排水热水供应设计的一部分，纳入建筑规划与建筑设计的范围，在建筑规划和建筑设计阶段统筹考虑，统一规划、同步设计、同步施工、统一验收、同时投入使用。对改建建筑，应在编制改建设计方案时统一考虑、同步设计、同步施工、统一验收。

太阳能热水系统的施工安装应实现规范性操作，纳入建筑工程监理、验收的管理体系。在既有建筑上增设或改造已安装的太阳能热水系统，必须经建筑结构安全复核，并应满足建筑结构及其他相应的安全性要求。在建筑物上安装的太阳能热水系统，不得降低相邻建筑的日照标准。

1.2 太阳能集热器

太阳能集热器是太阳能热水系统中的关键部件，目前在我国普遍应用的为两类：平板型太阳能集热器（见图 1-1）和真空管型太阳能集热器（见图 1-2）。

图 1-1　平板型太阳能集热器　　　　　　图 1-2　真空管型太阳能集热器

1.2.1　平板型太阳能集热器

平板型太阳能集热器一般由吸热板、盖板、保温层和外壳 4 部分组成，其基本结构如图 1-3 所示。

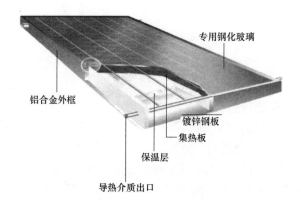

专用钢化玻璃

铝合金外框

镀锌钢板

集热板

保温层

导热介质出口

图 1-3　平板型太阳能集热器的基本结构

（1）吸热板（或吸热板芯）

吸热板是吸收太阳辐射能量并向集热器工作介质传递热量的部件，大多采用铜或铝做基材，要增强吸热板对太阳辐射的吸收能力，同时减小热损失，降低吸热板的热辐射，就需要采用选择性涂层。选择性涂层具有对太阳短波辐射的较高吸收率 α 和较低的长波热辐射发射率 ε，目前多数选择性涂层的性能指标可达到：吸收率 $\alpha=0.93\sim0.95$，发射率 $\varepsilon=0.12\sim0.04$。

（2）盖板

盖板的作用是减小热损失。集热器的吸热板将接收到的太阳辐射能转变成热能传输给工作介质时，也向周围环境散失热量；在吸热板上表面加设能透过可见光而不透过红外热射线的透明盖板，就可有效地减少这部分能量的损失。

盖板应满足如下技术要求：高全光透过率、高耐冲击强度、良好的耐候性、良好的绝热性能和易加工成型。

（3）保温层

保温层的作用是减少集热器向周围环境的散热，以提高集热器的热效率。

要求保温层材料的保温性能良好、热导率小、不吸水。常用的保温材料有：岩棉、矿棉、聚氨酯等。

（4）外壳

为了将吸热板、盖板、保温材料组成一个整体并保持一定的刚度和强度，便于安装，需要有一个美观的外壳，一般用钢材、彩色钢板、压花铝板、铝板、不锈钢板、塑料、玻璃钢等制成，外壳的密封性对平板型太阳能集热器的热性能有着重要影响，制作优良的平板型太阳能集热器应能排出集热器内的水汽，同时又可避免外部大气中的水蒸气进入集热器。

1.2.2　真空管型太阳能集热器

按照所使用真空太阳集热管的类型，真空管型太阳能集热器可分为全玻璃真空管型、U 形管式玻璃-金属结构真空管型和热管式真空管型三大类。真空管型太阳能集热器由多根真空太阳集热管插入联箱组成，根据集热管的安装方向可分为竖排（见图 1-4）和横排（见图 1-5）两种方式。

图 1-4　竖排真空管型太阳能集热器　　　**图 1-5　横排真空管型太阳能集热器**

联箱根据承压和非承压要求进行设计和制造，承压联箱一般达到的运行压力为 0.6MPa，非承压联箱由于运行和系统的需要，也有一定的承压要求，一般按 0.05MPa 设计。

真空太阳集热管是真空管型太阳能集热器的关键部件，承压型真空管型太阳能集热器（常用于机械循环热水系统）需使用 U 形管式玻璃-金属结构真空管或热管式真空管，非承压型真空管型太阳能集热器（常用于自然循环热水系统）则可使用全玻璃真空太阳集热管。三种真空管的构造特点如下：

（1）全玻璃真空集热管

全玻璃真空集热管由内、外两根同心圆玻璃管构成，具有高吸收率和低发射率的选择性吸收膜沉积在内管外表面上构成吸热体，内外管夹层之间抽成高真空，其形状像一个细长的暖水瓶胆（见图 1-6）。它采用单端开口，将内、外管口予以环形熔封，另一端是密闭半球形圆头，由弹簧卡支撑，可以自由伸缩，以缓冲内管热胀冷缩引起的应力。弹簧卡上装有消气剂，当其蒸散后能吸收真空运行时产生的气体，保持管内真空度。

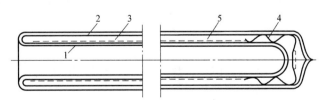

图 1-6　全玻璃真空集热管
1—外玻璃管；2—内玻璃管；3—真空；4—有支架的消气剂；5—选择性吸收表面

其工作原理是太阳光能透过外玻璃管照射到内管外表面吸热体上转换为热能，然后加热内玻璃管内的传热流体，由于夹层之间被抽真空，有效降低了向周围环境的热损失，使集热效率得以提高。全玻璃真空太阳集热管的产品质量与选用的玻璃材料、真空性能和选择性吸收膜有重要关系。

（2）U 形管式金属-玻璃结构真空集热管

U 形管式真空集热管如图 1-7 所示。按插入管内的吸热板形状不同，有平板翼片和圆柱形翼片两种。金属翼片与 U 形管焊接在一起，吸热翼片表面沉积选择性涂料，管内抽真空。管子（一般是铜管）与玻璃熔封或 U 形管采用与保温堵盖的结合方式引出集热管外，作为传热工质（一般为水）的入、出口端。

（3）热管式真空太阳集热管

热管式真空集热管如图 1-8 所示。根据吸热板的不同，热管式真空集热管分为：热管、平板翼片结构及热管、圆筒翼片结构。热管式真空集热管主要由热管、吸热板、真空玻璃管三部分组成。其工作原理是：太阳光透过玻璃照射到吸热板上，吸热板吸收的热量使热管内的工质汽化，被汽化的工质升到热管冷凝端，放出汽化潜热后冷凝成液体，同时加热水箱或联箱中的水，工质又在重力作用下流回热管的下端，如此重复工作，不断地将吸收的辐射能传递给需要加热的介质（水）。这种单方向传热的特点是由热管性能所决定的，为了确保热管的正常工作，热管真空管与地面倾角应大于 10°。

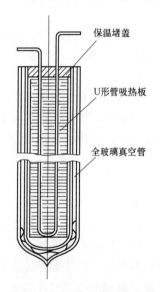

图 1-7 U 形管式真空集热管

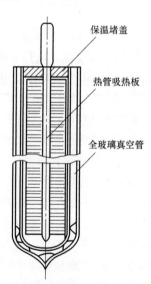

图 1-8 热管式真空集热管

1.2.3 太阳能集热器的性能参数

太阳能集热器的性能参数主要包括：热性能、光学性能和力学性能，分别表征太阳能集热器收集太阳能并将其转换为有用热量的能力，以及集热器的承压能力、安全性和耐久性。本节将介绍相关国家标准对各类太阳能集热器性能参数提出的合格性指标。

（1）太阳能集热器的热性能

太阳能集热器的热性能主要用集热器的瞬时效率方程和效率曲线表征。

集热器瞬时效率是指在稳态（或准稳态）条件下，集热器传热工质在规定时段内从规定的集热器面积（总面积、采光面积或吸热体面积）上输出的能量与同一时段内、入射在同一面积上的太阳辐照量的比。

瞬时效率方程和效率曲线根据现行国家标准《太阳能集热器热性能试验方法》GB/T 4271 的规定检测得出。根据检测结果，按最小二乘法拟合的紧密程度选择一次或二次曲线，得出的集热器瞬时效率方程和曲线的形式如下：

$$\eta = \eta_0 - U T_i \tag{1-1}$$

$$\eta = \eta_0 - a_1 T_i - a_2 G (T_i)^2 \tag{1-2}$$

$$T_i^* = (t_i - t_a) / G \tag{1-3}$$

式中　η_0——瞬时效率截距，$T_i^* = 0$ 时的 η；

　　　U——以 T_i^* 为参考的集热器总热损系数，$W/(m^2 \cdot K)$；

　a_1、a_2——以 T_i^* 为参考的常数；

　　　G——太阳总辐射辐照度，W/m^2；

　　　T_i^*——归一化温差，$(m^2 \cdot K)/W$；

　　　t_i——集热器进口工质温度；

　　　t_a——环境温度。

判定太阳能集热器热性能是否合格的指标有两个：基于采光面积的稳态、准稳态瞬时效率截距 η_0 和总热损系数 U。

瞬时效率截距是在归一化温差 T_i 为零时的瞬时效率值，该值是集热器可以获得的最大效率，反映了该集热器在基本无热损失情况下的效率。

1) 液体工质平板型太阳能集热器的瞬时效率截距 η_0 应不低于 0.72。

2) 液体工质无反射器的真空管型太阳能集热器的瞬时效率截距 η_0 应不低于 0.62，有反射器的真空管型太阳能集热器的瞬时效率截距 η_0 应不低于 0.52。

太阳能集热器的总热损系数反映了集热器热损失的大小，总热损系数大、集热器产生的热损失大；总热损系数小，集热器的热损失小。所以，总热损系数越小，集热器的热性能越好。

1) 液体工质平板型太阳能集热器的总热损系数 U 应不大于 $6.0W/(m^2 \cdot K)$。

2) 液体工质无反射器的真空管型太阳能集热器的总热损系数 U 应不大于 $3.0 W/(m^2 \cdot K)$，有反射器的真空管型太阳能集热器的总热损系数 U 应不大于 $2.5 W/(m^2 \cdot K)$。

(2) 太阳能集热器的光学性能

太阳能集热器的光学性能参数包括平板型太阳能集热器透明盖板和真空管型集热器玻璃管的太阳透射比 τ，以及集热器吸热体涂层的太阳吸收率 α 和半球发射比 ε。

透射是辐射在无波长或频率变化的条件下，对介质（材料层）的穿透；透射比可用于单一波长或一定波长范围。太阳透射比是指面元透射的与入射的太阳辐射通量之比。

目前实施的国家标准对平板型太阳能集热器透明盖板的透射比未提出合格性指标，只要求应给出透明盖板的透射比。全玻璃、玻璃-金属结构和热管式真空太阳集热管的玻璃管材料应采用硼硅玻璃 3.3，玻璃管太阳透射比 $\tau \geqslant 0.89$（大气质量 1.5，即 AM1.5）。

吸收是辐射能由于与物质的相互作用，转换为其他能量形式的过程；吸收比可用于单一波长或一定波长范围。太阳吸收比是指面元吸收的与入射的太阳辐射通量之比。平板型太阳能集热器涂层的太阳吸收比应不低于 0.92。全玻璃真空太阳集热管选择性吸收涂层的太阳吸收率 $\alpha \geqslant 0.86$（AM1.5）。太阳能空气集热器吸热体涂层的太阳吸收比应不低于

0.86（AM1.5）。

发射是物质辐射能的释放；发射比可用于单一波长或一定波长范围。半球发射比是指在 2π 立体角内，相同温度下辐射体的辐射出射度与全辐射体（黑体）的辐射出射度之比。全玻璃真空太阳集热管选择性吸收涂层的半球发射比 $\varepsilon_h \leq 0.08$（80℃±5℃）。

（3）太阳能集热器的力学性能

1）耐压与压降

① 耐压

太阳能集热器的耐压指标反映太阳能集热器在工作条件下承受压力的能力。太阳能集热器应有足够的承压能力，其耐压性能应满足系统最高工作压力的要求；一般情况下，承压系统应达到的工作压力范围是 0.3～1.0MPa。

太阳能集热器应通过国家标准规定的压力试验，并应提供由国家质量监督检验机构出具的耐压性能检测报告。

太阳能热水系统的设计人员应对太阳能集热器的工作压力提出要求，应选择符合要求的太阳能集热器。

全玻璃真空太阳集热管内应能承受 0.6MPa 的压力。

② 压力降落（压降）

太阳能集热器的压力降落（压降）特性表示工作介质流经太阳能集热器时，因集热器本身结构形成和引起的阻力而在太阳能集热器进、出口管段之间产生的压力差。

太阳能集热器的压力降落（压降）特性是进行太阳能供暖系统水力计算时需要使用的重要参数。

太阳能集热器的压力降落（压降）参数使用国家标准《太阳能集热器热性能试验方法》GB/T 4271—2007 中规定的试验装置检测得出，试验结果是压力降落 ΔP（kPa）随工质流量 m（kg/s）变化的特性曲线。

2）安全性

① 强度、刚度

太阳能集热器应通过国家标准规定的强度和刚度试验，试验后，太阳能集热器应无损坏和明显变形。

② 空晒

太阳能集热器应通过国家标准规定的空晒试验，试验后，太阳能集热器应无开裂、破损、变形和其他损坏。

③ 闷晒

太阳能集热器应通过国家标准规定的闷晒试验，试验后，太阳能集热器应无泄露、开裂、破损、变形或其他损坏。

④ 抗机械冲击

全玻璃真空太阳集热管应能承受直径为 30mm 的钢球，于高度 450mm 处自由落下，垂直撞击集热器中部而无损坏。平板型太阳能集热器在通过国家标准规定的防雹（耐冲击）试验后，应无划痕、翘曲、裂纹、破裂、断裂或穿孔。

⑤ 内热冲击

太阳能集热器应通过国家标准规定的内热冲击试验，试验后，太阳能集热器不允许损坏。

⑥ 外热冲击

太阳能集热器应通过国家标准规定的外热冲击试验，试验后，太阳能集热器不允许有裂纹、变形、水凝结或浸水。

⑦ 淋雨

太阳能集热器应通过国家标准规定的淋雨试验，试验后，太阳能集热器应无渗水和损坏。

3）耐久性

太阳能集热器的使用寿命应大于 15 年。平板型太阳能集热器吸热体和壳体涂层按现行国家标准 GB/T 1720 规定的测定方法进行试验后，应无剥落，达到该标准规定的 1 级。平板型太阳能集热器吸热体和壳体涂层按现行国家标准 GB/T 1771 规定的测定方法进行试验后，应无裂纹、起泡、剥落及生锈。平板型太阳能集热器吸热体涂层按现行国家标准 GB/T 1735 规定的测定方法进行试验后，吸收比 α 值的保持率应在原值的 95％以上。平板型太阳能集热器吸热体涂层按现行国家标准 GB/T 1865 规定的测定方法进行试验后，吸收比 α 值的保持率应在原值的 95％以上；壳体涂层应达到 GB/T 1766 第 5.2 节表 22 规定的 2 级。

1.2.4　太阳能集热器选型

太阳能热水系统设计的最重要内容是进行太阳能集热器的选型以及计算确定系统所需的集热器使用面积，即集热器总面积。

(1) 太阳能集热器的面积分类和计算

按照所涵盖的不同范围，太阳能集热器的面积可分为：总面积、采光面积和吸热体面积。总面积为整个集热器的最大投影面积，不包括固定和连接传热工质管道的组成部分。采光面积为非会聚太阳辐射进入集热器的最大投影面积。吸热体面积为吸热体的最大投影面积。

进行系统设计时，需要使用到的面积是总面积和采光面积。总面积用于衡量建筑外围护结构（如屋面）是否有足够的安装面积；而采光面积用于衡量集热器的热性能是否合格。因此，下面仅介绍这两种面积的计算方法。

太阳能集热器总面积 A_G 的计算公式如下：

$$A_G = L_1 \times W_1 \tag{1-4}$$

式中　L_1——最大长度（不包括固定支架和连接管道），见图 1-9；
　　　W_1——最大宽度（不包括固定支架和连接管道），见图 1-9。

各种类型的太阳能集热器采光面积 A_a 的计算如下：

1）平板型太阳能集热器

$$A_a = L_2 \times W_2 \tag{1-5}$$

式中　L_2——采光口的长度，见图 1-10；
　　　W_2——采光口的宽度，见图 1-10。

2）无反射器的真空管型集热器

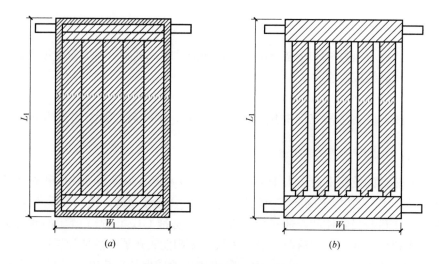

图 1-9　太阳能集热器总面积

（a）平板型集热器；（b）真空管集热器

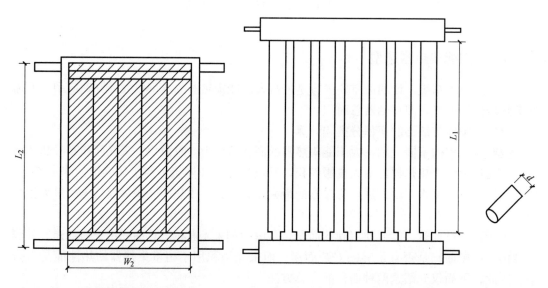

图 1-10　平板型集热器的采光面积 A_a　　　**图 1-11　无反射器的真空管型集热器的采光面积**

$$A_a = L_2 \times d \times N \tag{1-6}$$

式中　L_2——真空管未被遮挡的平行和透明部分的长度，见图 1-11；

　　　d——真空管未被遮挡的平行和透明部分的长度，见图 1-11。

　　　N——真空管数量。

　　3）有反射器的真空管型集热器

$$A_a = L_2 \times W_2 \tag{1-7}$$

式中　L_2——外露反射器长度，见图 1-12；

　　　W_2——外露反射器宽度，见图 1-12。

（2）基于不同面积的太阳能集热器效率

太阳能集热器基于采光面积和总面积的效率是不同的，其所对应的通过集热器可获取的有用热量（在效率曲线图上体现为该曲线和横、纵坐标轴所包围的面积）也会不同；基于采光面积的效率和有用热量会大于基于总面积的效率和有用热量。

由于构造上的不同，平板型和真空管型太阳能集热器基于两类面积的效率有明显的差别，图 1-13 显示了热性能恰好等于标准规定合格指标时不同产品的效率曲线。可以看出：平板型集热器基于总面积和采光面积效率的差别较小（约 5%），原因是其边框面积很少（边框不可收集太阳能），所以总面积和采光面积的大小差别较小；而真空管型集热器因为有较多的管间距（管之间的空隙不能收集太阳

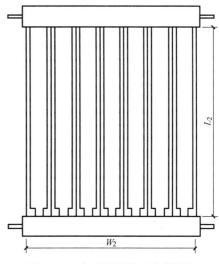

图 1-12　有反射器的真空管型集热器的采光面积

能），造成总面积和采光面积的大小差别较大，所以基于总面积和采光面积效率的差别较大（接近 20%）。

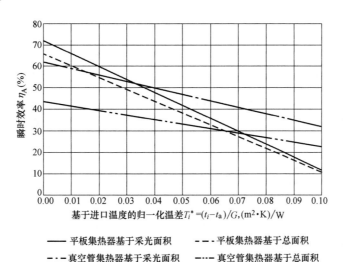

基于进口温度的归一化温差 $T_i^* = (t_i - t_a)/G,(m^2 \cdot K)/W$

— 平板集热器基于采光面积　　--- 平板集热器基于总面积
--·- 真空管集热器基于采光面积　　-··- 真空管集热器基于总面积

图 1-13　达到热性能合格线产品基于不同面积的效率曲线

刚达到热性能合格线的平板型和真空管型集热器（下称合格产品），其基于总面积的效率曲线在归一化温差约等于 0.065 时相交，此时平板和真空管型集热器的效率相等，约为 30%；同时说明：对合格产品，当归一化温差小于 0.065 时，平板型集热器的效率大于真空管型，而在归一化温差大于 0.065 时，真空管型集热器的效率大于平板型。

归一化温差的大小由影响集热器效率的三个关键因素决定，这三个因素是：太阳辐照度、室外环境温度和集热器的工作温度；即太阳辐照度和环境温度越高、集热器的工作温度越低，归一化温差越小，对应的效率值越大；而太阳辐照度和环境温度越低、集热器的

工作温度越高，归一化温差越大，对应的效率值越小。

图 1-14 显示了热性能优于标准规定合格指标时不同产品（下称优质产品）的效率曲线。其中，平板型和真空管型集热器的效率截距分别为：$\eta_0 = 0.78$ 和 $\eta_0 = 0.77$，总热损系数分别为：$U = 4.9\text{W}/(\text{m}^2 \cdot \text{K})$ 和 $U = 1.9\text{W}/(\text{m}^2 \cdot \text{K})$。

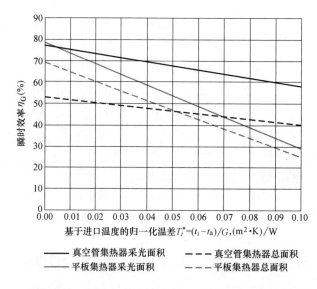

图 1-14　热性能优于标准规定合格指标产品基于不同面积的效率曲线

从图 1-14 中可以看出：平板型和真空管型集热器的优质产品，其基于总面积的效率曲线在归一化温差约等于 0.052 时相交，此时平板和真空管型集热器的效率相等，约为 47%。而对合格产品，此时平板型集热器的效率约为 38%，真空管型集热器的效率只有约 32%。所以，为保证系统能够达到较高的节能效益，在进行集热器的选型设计时，须根据实测得出的瞬时效率曲线和方程；在集热器安装面积一定时，选用高效的优质产品可以达到更好的系统效益。

1.3　依据的标准规范

《民用建筑太阳能热水系统应用技术规范》GB 50364；

《建筑给水排水设计规范》GB 50015；

《建筑给水排水及采暖工程施工质量验收规范》GB 50242；

《建筑工程施工质量验收统一标准》GB 50300；

《住宅设计规范》GB 50096；

《建筑物防雷设计规范》GB 50057；

《屋面工程质量验收规范》GB 50207；

《风机、压缩机、泵安装工程施工及验收规范》GB 50275；

《工业设备及管道绝热工程质量验收规范》GB 50185；

《建筑电气工程施工质量验收规范》GB 50303；

《电气装置安装工程　接地装置施工及验收规范》GB 50169；

《电气装置安装工程　低压电器施工及验收规范》GB 50254；

《智能建筑工程质量验收规范》GB 50339；

《钢结构工程施工质量验收规范》GB 50205；

《碳素结构钢》GB/T 700；

《电气装置安装工程　盘、柜及二次回路接线施工及验收规范》GB 50171；

《给水排水管道工程施工及验收规范》GB 50268；

《家用和类似用途电器的安全　第1部分：通用要求》GB 4706.1；(idt IEC 335-1)

《家用和类似用途电器的安全　储水式电热水器的特殊要求》GB 4706.12；(idt IEC 335-2-21)

《家用和类似用途电自动控制器　第1部分：通用要求》GB 14536.1；(idt IEC 730-1)

《家用和类似用途电器安装、使用、检修安全要求》GB/T 8877；

《太阳能热利用术语》GB/T 12936；

《太阳能集热器热性能试验方法》GB/T 4271；

《平板型太阳能集热器》GB/T 6424；

《全玻璃真空太阳集热管》GB/T 17049；

《真空管型太阳能集热器》GB/T 17581；

《家用太阳热水系统热性能试验方法》GB/T 18708；

《太阳热水系统设计、安装及工程验收技术规范》GB/T 18713；

《家用太阳能热水系统技术条件》GB/T 19141；

《太阳热水系统性能评定规范》GB/T 20095；

《可再生能源建筑应用工程评价标准》GB/T 50801。

1.4　太阳能资源分布与设计用气象资料

太阳能热水系统的应用效果与太阳能资源密切相关，本节给出我国太阳能资源分布情况（见表1-1），同时提供了我国72个城市的典型年设计用气象参数（见表1-2，其他城市可以参考与之相邻城市的数据），用于太阳能热水系统设计。

我国的太阳能资源区划指标　　　　　表1-1

资源区划代号	名称	指标		地区
		MJ/(m²·a)	kWh/(m²·a)	
Ⅰ	资源极富区	≥6700	≥1750	西藏大部、新疆南部及青海、甘肃和内蒙古的西部
Ⅱ	资源丰富区	5400~6700	1400~1750	新疆大部、青海和甘肃东部、宁夏、陕西、山西、河北、山东东北部、内蒙古东部、东北西南部、云南、四川西部
Ⅲ	资源较富区	4200~5400	1050~1400	黑龙江、吉林、辽宁、安徽、江西、陕西南部、内蒙古东北部、河南、山东、江苏、浙江、湖北、湖南、福建、广东、广西、海南东部、四川、贵州、西藏东南部、台湾
Ⅳ	资源一般区	<4200MJ	<1050	四川中部、贵州北部、湖南西北部

我国 72 个城市的典型年设计用气象参数　　　　表 1-2

城市名称	纬度	H_{ha}	H_{ht}	H_{La}	H_{Lt}	T_a	S_y	S_t	f	N
北京	39°56′	15.252	5570.481	17.217	6281.993	11.5	7.5	2755.5	40%～50%	10
哈尔滨	45°45′	12.841	4691.098	15.221	5552.818	3.6	7.3	2672.9	40%～50%	10
长春	43°54′	13.566	4953.719	16.228	5918.364	4.9	7.4	2709.2	40%～50%	10
伊宁	43°57′	15.395	5628.293	17.779	6490.992	8.4	8.1	2955.1	50%～60%	8
沈阳	41°46′	13.784	5034.530	15.866	5787.688	7.8	7.0	2555.0	40%～50%	10
天津	39°06′	14.423	5268.474	16.345	5964.229	12.2	7.2	2612.7	40%～50%	10
二连浩特	43°39′	16.895	6171.080	20.692	7547.926	3.3	9.1	3316.1	50%～60%	8
大同	40°06′	15.829	5782.406	18.225	6649.731	6.5	7.6	2772.5	50%～60%	8
西安	34°18′	12.754	4662.181	13.277	4850.499	13.3	4.7	1711.1	40%～50%	10
济南	36°41′	14.033	5125.748	15.771	5755.618	14.2	7.1	2597.3	40%～50%	10
郑州	34°43′	13.318	4865.998	14.381	5250.798	14.2	6.2	2255.7	40%～50%	10
合肥	31°52′	12.505	4571.594	13.240	4837.463	15.7	5.4	1971.3	≤40%	15
武汉	30°37′	11.466	4193.014	11.768	4301.419	16.6	5.5	1990.2	≤40%	15
宜昌	30°42′	11.334	4144.932	11.521	4210.948	4.4	4.4	1616.5	≤40%	15
长沙	28°14′	10.894	3987.861	11.019	4032.798	17.0	4.5	1636.0	≤40%	15
南昌	28°36′	11.814	4323.352	12.130	4437.837	17.6	5.2	1885.2	40%～50%	10
南京	32°00′	13.078	4781.200	13.961	5100.378	15.3	5.6	2049.3	40%～50%	10
上海	31°10′	12.736	4657.516	13.447	4913.953	15.7	5.5	1997.5	40%～50%	10
杭州	30°14′	11.305	4136.133	11.563	4229.593	16.5	5.0	1819.9	≤40%	15
福州	26°05′	11.850	4334.747	12.097	4424.595	19.8	4.6	1665.5	40%～50%	10
广州	23°08′	11.219	4103.585	11.660	4264.332	22.0	4.6	1687.4	≤40%	15
韶关	24°48′	11.677	4274.459	11.975	4382.378	20.4	4.6	1665.8	40%～50%	10
南宁	22°49′	12.420	4543.453	12.838	4695.779	21.8	4.5	1640.1	40%～50%	10
桂林	25°20′	10.897	3988.172	10.992	4022.105	18.8	4.2	1535.0	≤40%	15
昆明	25°01′	14.631	5336.513	15.745	5739.039	14.9	6.2	2272.3	40%～50%	10
贵阳	26°35′	9.717	3554.736	9.579	3502.865	15.4	3.3	1189.9	≤40%	15
成都	30°40′	10.373	3793.237	10.249	3746.765	16.2	3.0	1109.1	≤40%	15
重庆	29°33′	8.684	3179.667	8.402	3076.077	18.2	3.0	1101.6	≤40%	15
拉萨	29°40′	21.291	7774.915	23.850	8703.852	7.5	8.6	3130.4	≥60%	5
西宁	36°37′	16.743	6115.319	18.834	6872.591	5.7	7.6	2776.0	50%～60%	8
格尔木	36°25′	19.130	6989.602	21.933	8007.652	4.3	8.7	3190.1	≥60%	5
兰州	36°03′	14.952	5462.635	15.766	5755.052	9.1	6.9	2508.3	40%～50%	10
银川	38°29′	16.541	6041.699	18.923	6903.412	8.5	8.3	3011.4	50%～60%	8
乌鲁木齐	43°47′	13.884	5078.393	15.276	5582.128	6.9	7.3	2662.1	40%～50%	10
喀什	39°28′	15.898	5812.294	17.190	6279.461	11.7	7.7	2825.7	50%～60%	8
哈密	42°49′	17.337	6334.989	20.604	7519.960	9.8	9.0	3300.1	50%～60%	8

续表

城市名称	纬度	H_{ha}	H_{ht}	H_{La}	H_{Lt}	T_a	S_y	S_t	f	N
漠河	52°58′	12.935	4727.557	16.771	6110.159	−4.3	6.7	2434.7	40%~50%	10
黑河	50°15′	12.658	4624.900	16.181	5897.612	0.4	7.6	2761.8	40%~50%	10
佳木斯	46°49′	12.188	4451.263	14.914	5437.680	2.9	6.9	2526.4	40%~50%	10
阿勒泰	47°44′	15.122	5527.340	18.157	6625.468	4.0	8.5	3092.6	50%~60%	8
奇台	44°01′	14.927	5456.112	17.489	6387.316	5.2	8.5	3087.1	50%~60%	8
吐鲁番	42°56′	15.887	5806.875	17.755	6482.355	14.2	8.3	3014.9	50%~60%	8
库车	41°48′	16.117	5889.756	17.953	6555.025	11.4	7.7	2804.0	50%~60%	8
若羌	39°02′	16.749	6121.047	18.567	6779.121	11.5	8.8	3202.6	50%~60%	8
和田	37°08′	16.202	5921.570	17.702	6466.209	12.2	7.3	2674.1	50%~60%	8
额济纳旗	41°57′	17.884	6535.737	21.501	7850.923	8.9	9.6	3516.2	50%~60%	8
敦煌	40°09′	17.525	6403.661	19.837	7241.207	9.3	9.2	3373.1	50%~60%	8
民勤	38°38′	15.665	5722.055	17.974	6558.650	7.8	8.7	3172.6	50%~60%	8
伊金霍洛旗	39°34′	15.642	5713.190	18.295	6675.308	6.1	8.7	3161.5	50%~60%	8
太原	37°47′	15.048	5497.337	16.944	6182.008	9.4	7.1	2587.7	40%~50%	10
侯马	35°39′	14.215	5195.880	15.505	5663.476	12.1	6.7	2455.6	40%~50%	10
烟台	37°32′	13.058	4769.129	14.559	5311.564	12.4	7.6	2756.4	40%~50%	10
狮泉河	32°30′	20.291	7409.855	21.777	7945.771	0.4	10.0	3656.2	≥60%	5
那曲	31°29′	18.200	6647.144	20.210	7377.876	−1.9	8.0	2911.8	50%~60%	8
玉树	33°01′	17.296	6318.624	19.225	7019.985	2.9	7.1	2590.6	50%~60%	8
昌都	31°09′	16.724	6108.279	18.549	6771.209	7.6	6.9	2502.4	50%~60%	8
绵阳	31°28′	9.883	3614.231	9.915	3624.450	16.2	3.2	1182.2	≤40%	15
峨眉山	29°31′	12.138	4430.190	12.801	4669.723	3.1	3.9	1437.6	40%~50%	10
乐山	29°30′	9.448	3455.689	9.271	3389.444	17.2	3.0	1080.5	≤40%	15
威宁	26°51′	12.833	4686.602	13.551	4944.649	10.4	5.0	1837.9	40%~50%	10
腾冲	25°01′	15.092	5506.498	16.493	6014.242	15.1	5.8	2107.2	50%~60%	8
景洪	22°00′	15.241	5558.470	15.885	5789.413	22.3	6.0	2197.2	50%~60%	8
蒙自	23°23′	14.884	5431.100	15.437	5629.130	18.6	6.1	2227.6	40%~50%	10
南充	30°48′	9.946	3639.866	9.745	3564.417	17.3	3.2	1177.2	≤40%	15
万县	30°46′	10.057	3679.031	10.021	3664.707	18.1	3.6	1302.3	≤40%	15
泸州	28°53′	9.005	3296.367	8.543	3127.839	17.7	3.2	1183.1	≤40%	15
遵义	27°41′	8.835	3235.059	8.666	3172.381	15.3	3.0	1093.1	≤40%	15
赣州	25°51′	12.292	4498.540	12.434	4549.400	19.4	5.0	1826.9	40%~50%	10
慈溪	30°16′	11.893	4351.081	12.721	4650.999	16.2	5.5	2003.5	40%~50%	10
汕头	23°24′	13.295	4861.486	13.396	4897.831	21.5	5.6	2044.1	40%~50%	10
海口	20°02′	13.259	4848.163	12.941	4730.559	24.1	5.9	2139.0	40%~50%	10
三亚	18°14′	16.627	6074.573	16.956	6193.388	25.8	7.0	2546.8	50%~60%	8

注：H_{ha} 为水平面年平均日辐照量，MJ/(m²·d)；H_{ht} 为水平面年总辐照量，MJ/(m²·a)；H_{La} 为当地纬度倾角平面年平均日辐照量，MJ/(m²·d)；H_{Lt} 为当地纬度倾角平面年总辐照量，MJ/(m²·a)；T_a 为年平均环境温度，℃；S_y 为年平均每日的日照小时数，h；S_t 为年总日照小时数，h；f 为年太阳能保证率推荐范围；N 为回收年限允许值，a。

1.5　热水系统设计用资料

本节给出了热水负荷计算与供热水系统设计用资料等，分别见表1-3～表1-9。

热水用水定额 表1-3

序号	建筑物类型			单位	用水定额(L)		使用时间(h)
					最高日	平均日	
1	住宅	Ⅱ	有自备热水供应和沐浴设备	每人每日	40～80	20～60	24
		Ⅲ	有集中热水供应和沐浴设备		60～100	25～70	24
2	别墅			每人每日	70～110	30～80	24
3	酒店式公寓			每人每日	80～100	65～80	24
4	宿舍 　Ⅰ类、Ⅱ类 　Ⅲ类、Ⅳ类			每人每日 每人每日	70～100 40～80	40～55 35～45	24 或 定时 供应
5	招待所、培训中心、普通旅馆 　设公用盥洗室 　设公用盥洗室、淋浴室 　设公用盥洗室、淋浴室、洗衣室 　设单独卫生间、公用洗衣室			每人每日 每人每日 每人每日 每人每日	25～40 40～60 50～80 60～100	20～30 35～45 45～55 50～70	24 或 定时 供应
6	宾馆 客房 　旅客 　员工			每床位每日 每人每日	120～160 40～50	110～140 35～40	24
7	医院住院部 　设公用盥洗室 　设公用盥洗室、淋浴室 　设单独卫生间 医务人员 门诊部、诊疗所 疗养院、休养所住房部			每床位每日 每床位每日 每床位每日 每人每班 每病人每次 每床位每日	60～100 70～130 110～200 70～130 7～13 100～160	40～70 65～90 110～140 65～90 3～5 90～110	24 8 24
8	养老院、托老所 　全托 　日托			每床位每日	50～70 25～40	45～55 15～20	24
9	幼儿园、托儿所 　有住宿 　无住宿			每儿童每日 每儿童每日	25～50 20～30	20～40 15～20	24 10
10	公共浴室 　淋浴 　淋浴、浴盆 　桑拿浴(淋浴、按摩池)			每顾客每次 每顾客每次 每顾客每次	40～60 60～80 70～100	35～40 55～70 60～70	12
11	理发室、美容院			每顾客每次	20～45	20～35	12
12	洗衣房			每公斤干衣	15～30	15～30	8
13	餐饮业 　中餐酒楼 　快餐店、职工及学生食堂 　酒吧、咖啡厅、茶座、卡拉OK厅			每顾客每次 每顾客每次 每顾客每次	15～20 10～12 3～8	8～12 7～10 3～5	10～12 12～16 8～18

序号	建筑物类型	单位	用水定额(L)		使用时间(h)
			最高日	平均日	
14	办公楼 　坐班制办公 　公寓式办公 　酒店式办公	每人每班 每人每日 每人每日	5~10 60~100 120~160	4~8 25~70 55~140	8~10 10~24 24
15	健身中心	每人每次	15~25	10~20	12
16	体育场(馆) 　运动员淋浴	每人每次	17~26	15~20	4
17	会议厅	每座位每次	2~3	2	4

注：1. 本表以60℃热水水温为计算温度，其他水温时的定额见表1-4，卫生器具的使用水温见表1-5。
　　2. 学生宿舍使用IC卡计费用热水时，可按每人每日热水定额25~30L。

热水用水定额 表1-4

序号	建筑物名称	单位	各温度时最高日用水定额(L)			
			50℃	55℃	60℃	65℃
1	住宅 　有自备热水供应和淋浴设备 　有集中热水供应和淋浴设备	每人每日 每人每日	49~98 73~122	44~88 66~110	40~80 60~100	37~73 55~92
2	别墅	每人每日	86~134	77~121	70~110	64~101
3	单身职工宿舍、学生宿舍、招待所、 培训中心、普通旅馆 　设公用盥洗室 　设公用盥洗室、淋浴室 　设公用盥洗室、淋浴室、洗衣室 　设单独卫生间、公用洗衣室	每人每日 每人每日 每人每日 每人每日	31~94 49~73 61~98 73~122	28~44 44~88 55~88 66~110	25~40 40~60 50~80 60~100	23~37 37~55 46~73 55~92
4	宾馆、客房 　旅客 　员工	每床位每日 每人每日	147~196 49~61	132~176 44~55	120~160 40~50	110~146 37~56
5	医院住院部 　设公用盥洗室 　设公用盥洗室、淋浴室 　设单独卫生间 　门诊部、诊疗所 　疗养院、休养所住房部	每床位每日 每床位每日 每床位每日 每病人每次 每床位每日	55~122 73~122 134~244 9~16 122~196	50~110 66~110 121~220 8~14 110~176	45~100 60~100 110~200 7~13 100~160	41~92 55~92 101~184 6~12 92~146
6	养老院	每床位每日	61~86	55~77	50~70	46~64
7	幼儿园、托儿所 　有住宿 　无住宿	每儿童每日 每儿童每日	25~49 12~19	22~44 11~17	20~40 10~15	19~37 9~14
8	公共浴室 　淋浴 　淋浴、浴盆 　桑拿浴(淋浴、按摩池)	每顾客每次 每顾客每次 每顾客每次	49~73 73~98 85~122	44~66 66~88 77~110	40~60 60~80 70~100	37~55 55~73 64~91
9	理发室、美容院	每顾客每次	12~19	11~17	10~15	9~14
10	洗衣房	每千克干衣	19~37	17~33	15~30	14~28

续表

序号	建筑物名称	单位	各温度时最高日用水定额(L)			
			50℃	55℃	60℃	65℃
11	餐饮厅 　营业餐厅 　快餐店、职工及学生食堂 　酒吧、咖啡厅、茶座、卡拉OK房	每顾客每次 每顾客每次 每顾客每次	19~25 9~12 4~9	17~22 8~11 4~9	15~20 7~10 3~8	14~19 7~9 3~8
12	办公楼	每人每班	6~12	6~11	5~10	5~9
13	健身中心	每人每次	19~31	17~28	15~25	14~23
14	体育场(馆) 　运动员淋浴	每人每次	31~43	28~39	25~35	23~34
15	会议厅	每座位每次	2~4	2~4	2~3	2~3

注：1. 表内所列用水量已包括在冷水用水定额之内；
　　2. 冷水温度按5℃计；
　　3. 本表热水温度为计算温度，卫生器具使用热水温度见表1-5。

卫生器具的一次和小时热水用水定额及水温　　　　表 1-5

序号	卫生器具名称	一次用水量 (L)	小时用水量 (L)	使用水温 (℃)
1	住宅、旅馆、别墅、宾馆、酒店式公寓 　带有淋浴器的浴盆 　无淋浴器的浴盆 　淋浴器 　洗脸盆、盥洗槽水嘴 　洗涤盆(池)	150 125 70~100 3 —	300 250 140~200 30 180	40 40 37~40 30 50
2	宿舍、招待所、培训中心 　淋浴器:有淋浴小间 　无淋浴小间 　盥洗槽水嘴	70~100 — 3~5	210~300 450 50~80	37~40 37~40 30
3	餐饮业 　洗涤盆(池) 　洗脸盆:工作人员用 　顾客用 　淋浴器	— 3 — 40	250 60 120 400	50 30 30 37~40
4	幼儿园、托儿所 　浴盆:幼儿园 　托儿所 　淋浴器:幼儿园 　托儿所 　盥洗槽水嘴 　洗涤盆(池)	100 30 30 15 15 —	400 120 180 90 25 180	35 35 35 35 30 50
5	医院、疗养院、休养所 　洗手盆 　洗涤盆(池) 　淋浴器 　浴盆	— — — 120~150	15~25 300 200~300 250~300	35 50 37~40 40

续表

序号	卫生器具名称	一次用水量 （L）	小时用水量 （L）	使用水温 （℃）
6	公共浴室 　浴盆 　淋浴器：有淋浴小间 　　　　　无淋浴小间 　洗脸盆	125 100～150 — 5	250 200～300 450～540 50～80	40 37～40 37～40 35
7	办公楼洗手盆	—	50～100	35
8	理发室美容院洗脸盆	—	35	35
9	实验室 　洗脸盆 　洗手盆	— —	60 15～25	50 30
10	剧场 　淋浴器 　演员用洗脸盆	60 5	200～400 80	37～40 35
11	体育场馆淋浴器	30	300	35
12	工业企业生活间 　淋浴器：一般车间 　　　　　脏车间 　洗脸盆或盥洗槽水嘴： 　　一般车间 　　脏车间	40 60 3 5	360～540 180～480 90～120 100～150	37～40 40 30 35
13	净身器	10～15	120～180	30

注：一般车间指现行国家标准《工业企业设计卫生标准》GBZ 1中规定的3、4级卫生特征的车间，脏车间指该标准中规定的1、2级卫生特征的车间。

直接供应热水的热水锅炉、热水机组或水加热器出口的最高水温和配水点的最低水温

表1-6

水质处理情况	热水锅炉、热水机组或水加热器出口的最高水温（℃）	配水点的最低水温（℃）
原水水质无需软化处理，原水水质需水质处理且有水质处理	75	50
原水水质需水质处理但未进行水质处理	60	50

注：1. 当热水供应系统只供淋浴和盥洗用水，不供洗涤盆（池）洗涤用水时，配水点最低水温可不低于40℃；
　　2. 局部热水供应系统和以热力管网热水作热媒的热水供应系统，配水点最低水温为50℃；
　　3. 从安全、卫生、节能、防垢等考虑，适宜的热水供水温度为55～60℃；
　　4. 医院的水加热温度不宜低于60℃。

盥洗用、沐浴用和洗涤用的热水水温

表1-7

用水对象	热水水温（℃）
盥洗用（包括洗脸盆、盥洗槽、洗手盆用水）	30～35
沐浴用（包括浴盆、淋浴器用水）	37～40
洗涤用（包括洗涤盆、洗涤池用水）	≈50

注：1. 当配水点处最低水温降低时，热水锅炉和水加热器最高水温亦可相应降低；
　　2. 集中热水供应系统中，在水加热设备和热水管道保温条件下，加热设备出口处与配水点的热水温度差，一般不大于10℃。

冷水计算温度（单位:℃）　　　　　　　　　　　　　　表1-8

区域	省份		地面水	地下水	区域	省份		地面水	地下水
东北	黑龙江		4	6～10	东南	江苏	偏北	4	10～15
	吉林		4	6～10			大部	5	15～20
	辽宁	大部	4	6～10		江西大部		5	15～20
		南部	4	10～15		安徽大部		5	15～20
华北	北京		4	10～15		福建	北部	5	15～20
	天津		4	10～15			南部	10～15	20
	河北	北部	4	6～10		台湾		10～15	20
		大部	4	10～15	中南	河南	北部	4	10～15
	山西	北部	4	6～10			南部	5	15～20
		大部	4	10～15		湖北	东部	5	15～20
	内蒙古		4	6～10			西部	7	15～20
西北	陕西	偏北	4	6～10		湖南	东部	5	15～20
		大部	4	10～15			西部	7	15～20
		秦岭以南	7	15～20		广东、香港、澳门		10～15	20
	甘肃	南部	4	10～15		海南		15～20	17～22
		秦岭以南	7	15～20	西南	重庆		7	15～20
	青海	偏东	4	10～15		贵州		7	15～20
	宁夏	偏东	4	6～10		四川大部		7	15～20
		南部	4	10～15		云南	大部	7	15～20
	新疆	北疆	5	10～11			南部	10～15	20
		南疆	—	12		广西	大部	10～15	20
		乌鲁木齐	8	12			偏北	7	15～20
东南	山东		4	10～15	西藏			—	5
	上海		5	15～20					
	浙江		5	15～20					

卫生器具的给水额定流量、当量、支管管径和流出水头（最低工作压力）　表1-9

序号	给水配件名称	额定流量(L/s)	当量	公称管径(mm)	最低工作压力(MPa)
1	洗涤盆、拖布盆、盥洗槽 　单阀水嘴 　单阀水嘴 　混合水嘴	0.15～0.20 0.30～0.40 0.15～0.20(0.14)	0.75～1.00 1.5～2.00 0.75～1.00(0.70)	15 20 15	0.050
2	洗脸盆 　单阀水嘴 　混合水嘴	0.15 0.15(0.10)	0.75 0.75(0.5)	15 15	0.050
3	洗手盆 　单阀水嘴 　混合水嘴	0.10 0.15(0.10)	0.5 0.75(0.5)	15 15	0.050

续表

序号	给水配件名称	额定流量(L/s)	当量	公称管径（mm）	最低工作压力（MPa）
4	浴盆 　单阀水嘴 　混合水嘴(含带淋浴转换器)	0.20 0.24(0.20)	1.0 1.2(1.0)	15 15	0.050 0.050～0.070
5	淋浴器 　混合阀	0.15(0.10)	0.75(0.5)	15	0.050～0.100
6	大便器 　冲洗水箱浮球阀 　延时自闭式冲洗阀	0.10 1.20	0.50 6.00	15 25	0.020 0.100～0.150
7	小便器 　手动或自动自闭式冲洗阀 　自动冲洗水箱进水阀	0.10 0.10	0.50 0.50	15 15	0.050 0.020
8	小便槽穿孔冲洗管(每米长)	0.05	0.25	15～20	0.015
9	净身盆冲洗水嘴	0.10(0.07)	0.50(0.35)	15	0.050
10	医院倒便器	0.20	1.00	15	0.050
11	实验室化验水嘴(鹅颈) 　单联 　双联 　三联	0.07 0.15 0.20	0.35 0.75 1.00	15 15 15	0.020 0.020 0.020
12	饮水器喷嘴	0.05	0.25	15	0.050
13	洒水栓	0.40 0.70	2.00 3.50	20 25	0.050～0.100 0.050～0.100
14	室内地面冲洗水嘴	0.20	1.00	15	0.050
15	家用洗衣机水嘴	0.20	1.00	15	0.050
16	器皿洗涤机	0.20	1.0	*	*
17	土豆剥皮机	0.20	1.0	15	*
18	土豆清洗机	0.20	1.0	15	*
19	蒸锅及煮锅	0.20	1.0	*	*

注：1. 表中括号内的数值系在有热水供应时，单独计算冷水或热水时使用；

2. 当浴盆上附设淋浴器或混合水嘴有淋浴器转换开关时，其额定流量和当量只计水嘴，不计淋浴器，但水压应按淋浴器计；

3. 家用燃气热水器，所需水压按产品要求和热水供应系统最不利配水点所需工作压力确定；

4. 绿地的自动喷灌应按产品要求设计；

5. 如为充气龙头，其额定流量为表中同类配件额定流量的 0.7 倍；

6. 卫生器具给水配件所需流出水头，如有特殊要求时，其数值按产品要求确定；

7. * 表示所需的最低工作压力及所配管径均按产品要求确定。

第 2 章　太阳能热水系统设计

2.1　优化设计要点

为使太阳能热水系统达到预期效益，满足安全可靠、性能稳定、节能高效、经济适用的技术要求，应首先做到系统的优化设计，符合如下设计原则：

（1）热水供应特点：太阳能热水系统是由太阳能和常规辅助能源共同负担用户所需的全部热水负荷。

（2）太阳能部分的热水负荷：太阳能集热系统承担用户所需的日平均用热水量，应按表1-3 中给出的平均日用水定额推荐范围，根据用户特点合理取值，用于计算日平均用热水量。

（3）常规辅助能源部分的热水负荷：常规辅助能源设备承担系统的设计小时耗热量，按表 1-3 中给出的最高日用水定额推荐范围，根据用户特点合理取值，用于计算设计小时耗热量。

（4）集热器产品选型：按照系统特点，选择符合承压能力需求、安全性能优良、高效的太阳能集热器；必须以第三方权威质检机构给出的产品性能检测报告为依据。

（5）太阳能集热器面积计算确定：应按不同太阳能资源区对应的太阳能保证率推荐范围、预期投资规模等，选取适宜的太阳能保证率，根据日平均用热水量，集热器产品的效率方程/曲线，计算太阳能集热器面积。

（6）贮热水箱容量确定：按单位集热器总面积对应的日产热水量推荐值，根据集热器面积计算确定贮热水箱容量。

（7）常规辅助能源设备选型：根据系统的设计小时耗热量，计算确定辅助能源设备的容量。

（8）安全措施设计：太阳能集热系统应采用可靠的防冻、防过热、防雷、防电击、抗风等安全技术措施。

（9）自动控制设计：应充分体现优先使用太阳能的原则，准确完成对太阳能集热系统和常规辅助能源设备的功能切换。

（10）保温设计：强化太阳能集热系统和供热水系统管网的保温措施，降低管网热损失。

2.2　太阳能热水系统的分类、特点及适用性

2.2.1　太阳能热水系统的分类

太阳能热水系统由太阳能集热系统和热水供应系统构成，包括太阳能集热器、贮水

箱、常规辅助能源设备、循环管道、支架、控制系统、热交换器和水泵等设备和附件。

根据不同的分类方式，太阳能热水系统主要可分为以下几种类型：

（1）按系统的集热与供热水方式，分为：集中集热-集中供热水系统、集中集热-分散供热水系统和分散集热-分散供热水系统。

集中集热-集中供热水系统是采用集中的太阳能集热器和集中的贮水箱供给一幢或几幢建筑物所需热水的系统。

集中集热-分散供热水系统是采用集中的太阳能集热器和分散的贮水箱供给一幢建筑物所需热水的系统。

分散集热-分散供热水系统是采用分散的太阳能集热器和分散的贮水箱供给各个用户所需热水的小型系统。

（2）按生活热水与太阳能集热系统内传热工质的关系，分为直接系统（也称单回路或单循环系统）和间接系统（也称双回路或双循环系统）。

直接系统是指在太阳能集热器中直接加热水供给用户的系统。

间接系统是指在太阳能集热器中加热某种传热工质，再使该传热工质通过热交换器加热水供给用户的系统。

（3）按辅助能源的加热方式，分为：集中辅助加热系统和分散辅助加热系统。

集中辅助加热系统是将辅助能源加热设备集中安装在贮热水箱附近的系统。

分散辅助加热系统是将辅助能源加热设备分散安装在供热水系统中的系统。对居住建筑，通常是分散安装在用户的贮水箱附近。

（4）按太阳能集热系统的运行方式，分为：自然循环系统、强制循环系统和直流式系统。

1）自然循环系统：太阳能集热系统仅利用传热工质内部的温度梯度产生的密度差进行循环的太阳能热水系统，也可称为热虹吸系统。有两种类型：自然循环系统（见图2-1）和自然循环定温放水系统（见图 2-2）。

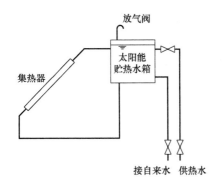

图 2-1 自然循环系统　　　　**图 2-2 自然循环定温放水系统**

2）强制循环系统：利用机械设备等外部动力迫使传热工质通过集热器（或换热器）进行循环的太阳能热水系统。强制循环系统运行可采用温差控制、光电控制及定时器控制等方式。强制循环系统也可称为机械循环系统。图 2-3～图 2-6 是目前应用较多的几种强制循环太阳能热水系统。为表述方便，在后文中将双水箱系统中太阳能集热系统的贮水箱简称为贮热水箱，热水供应系统的贮水箱简称为供热水箱。

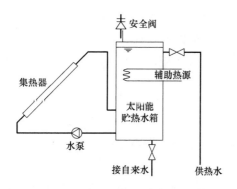

图 2-3　强制循环单水箱直接系统

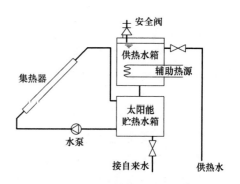

图 2-4　强制循环双水箱直接系统

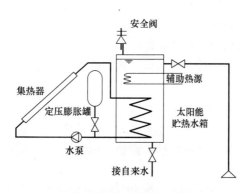

图 2-5　强制循环单水箱间接系统

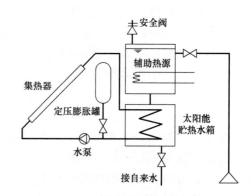

图 2-6　强制循环双水箱间接系统

3）直流式系统：传热工质（水）一次流过集热器加热后，进入贮水箱或用热水处的非循环太阳能热水系统（见图 2-7）。直流式系统可采用非电控的温控阀控制方式或电控的温控器控制方式。直流式系统也可称为定温放水系统。该系统一般采用变流量定温放水的控制方式，当集热系统出水温度达到设定温度时，电磁阀打开，集热系统中的热水流入热水贮水箱中；当集热系统出水温度低于设定温度时，电磁阀关闭，补充的冷水停留在集热系统中吸收太阳能被加热。

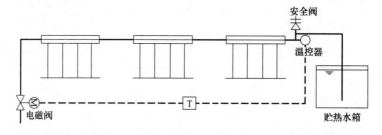

图 2-7　直流式系统

2.2.2　太阳能热水系统的特点及适用性

实际上，太阳能热水系统是由上述不同分类组合形成的复合系统，例如，自然循环直接系统，强制循环间接系统等，需根据系统的自身特点进行优化组合。

（1）由于热交换器阻力较大，间接式系统一般采用强制循环系统。考虑到用水卫生、减缓集热器结垢以及防冻等因素，在投资允许的条件下，应优先推荐采用间接式系统。直接系统应根据当地水质情况确定是否需要对自来水上水进行软化处理。

（2）由于间接式系统的阻力较大，热虹吸作用往往不能提供足够的压头，故自然循环系统一般为直接系统。自然循环系统可以采用非承压的太阳能集热器，造价较低。在自然循环系统中，为了保证必要的热虹吸压头，贮水箱的下循环管口应高于集热器的上循环管口。

（3）直流式系统只能是直接系统，可以采用非承压集热器，集热系统造价较低。此种系统通常与强制循环系统联合工作，即贮热水箱水位达到最高点后，系统转入强制循环模式运行。此种系统存在生活用水可能被污染、集热器易结垢和防冻问题不易解决的缺点。

太阳能热水系统的设计选型应遵循节水节能、经济实用、安全可靠、维护简便、美观协调、便于计量的原则，根据使用要求、耗热量及用水点分布情况，结合建筑形式、其他可用常规能源种类和热水需求量等条件，根据工程实际情况进行选择，可遵循如下适用性原则：

（1）有集中热水需求的建筑宜采用集中集热-集中供热太阳能热水系统。

（2）普通住宅建筑宜按每单元设置集中集热-分散供热太阳能热水系统，或采用分散集热-分散供热太阳能热水系统。

（3）集热系统宜按分栋建筑或每建筑单元设置；当需要合建系统时，宜控制太阳能集热器阵列总出口至贮热水箱的距离不大于 300m。

（4）应根据太阳能集热器类型及其承压能力、集热器布置方式、运行管理条件等因素，采用闭式或开式太阳能集热系统。

目前在太阳能热水实际工程中应用最多的是集中集热-集中供热水系统、集中集热-分散供热水系统和分散集热-分散供热水系统，其系统示意图见图 2-8～图 2-11。

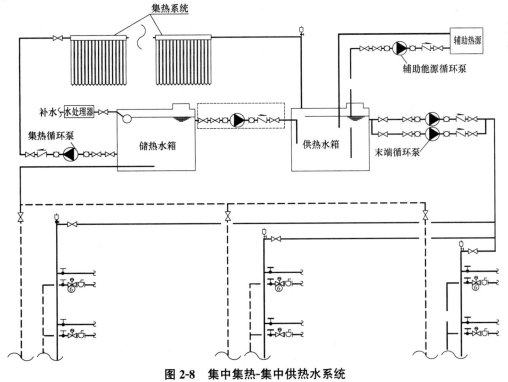

图 2-8　集中集热-集中供热水系统

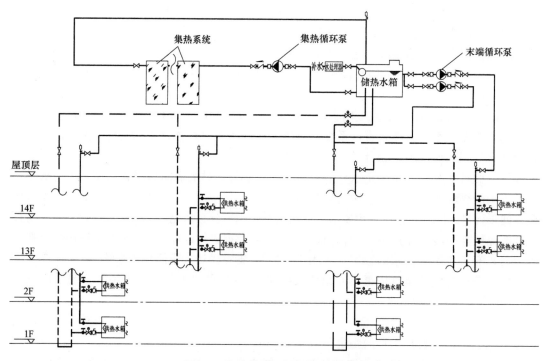

图 2-9　集中集热-分散供热水系统

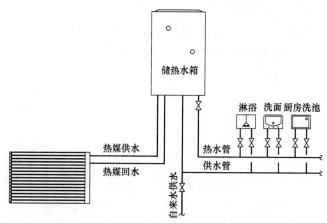

图 2-10　分散集热-分散供热自然循环供热水系统

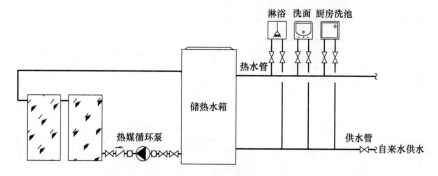

图 2-11　分散集热-分散供热强制循环供热水系统

2.3　热水负荷计算

2.3.1　系统的平均日用热水量计算

由太阳能集热系统提供的日均用热水量按下式计算：

$$Q_w = q_r m b_1 \tag{2-1}$$

式中　Q_w——日均用热水量，L；

　　　q_r——平均日热水用水定额，L/(人·d) 或 L/(床·d)；

　　　m——计算用水的人数或床数；

　　　b_1——同日使用率，无量纲。

同日使用率的平均值应按实际使用工况确定；当无条件时，可按表 2-1 取值。

不同类型建筑物的 b_1 推荐取值范围　　　　　　　　　　　表 2-1

建筑物类型	b_1
住宅	0.5～0.9
宾馆、旅馆	0.3～0.7
宿舍	0.7～1.0
医院、疗养院	0.8～1.0
幼儿园、托儿所、养老院	0.8～1.0

2.3.2　设计小时耗热量、热水量计算

(1) 设计小时耗热量计算

1）设有集中热水供应系统的居住小区的设计小时耗热量按下列情况分别计算：

① 当居住小区内配套公共设施的最大用水时段与住宅的最大用水时段一致时，应按两者的设计小时耗热量叠加计算。

② 当居住小区内配套公共设施的最大用水时段与住宅的最大用水时段不一致时，应按住宅的设计小时耗热量加配套公共设施的平均小时耗热量叠加计算。

2）全日供应热水的宿舍（Ⅰ、Ⅱ类）、住宅、别墅、酒店式公寓、招待所、培训中心、旅馆与宾馆的客房（不含员工）、医院住院部、养老院、幼儿园、托儿所（有住宿）、办公楼等建筑的集中热水供应系统的设计小时耗热量应按下列公式计算：

$$Q_h = K_h \frac{m q_r c (t_r - t_L) \rho_r}{3600 T} \tag{2-2}$$

式中　Q_h——设计小时耗热量，W；

　　　m——用水计算单位数（人数或床位数）；

　　　q_r——热水用水定额，L/(人·d) 或 L/(床·d) 见表 1-4、表 1-5；

　　　c——水的比热容，$c = 4.187 \text{kJ/(kg·℃)}$；

　　　t_r——热水温度，$t_r = 60℃$；

　　　t_L——冷水温度，见表 1-9；

ρ_r——热水密度，kg/L；

T——每日使用时间，按表 1-4 采用，h；

K_h——小时变化系数，见表 2-2。

热水小时变化系数 K_h 值　　　　　　　　表 2-2

类别	住宅	别墅	酒店式公寓	宿舍（Ⅰ、Ⅱ类）	招待所培训中心、普通旅馆	宾馆	医院、疗养院	幼儿园托儿所	养老院
热水用水定额 [L/(床·d)]	60～100	70～110	80～100	70～100	25～50 40～60 50～80 60～100	120～160	60～100 70～130 110～200 100～160	20～40	50～70
使用人(床)数	≤100～ ≥6000	≤100～ ≥6000	≤150～ ≥1200	≤150～ ≥1200	≤150～ ≥1200	≤150～ ≥1200	≤50～ ≥1000	≤50～ ≥1000	≤50～ ≥1000
K_h	4.8～ 2.75	4.21～ 2.47	4.00～ 2.58	4.80～ 3.20	3.84～ 3.00	3.33～ 2.60	3.63～ 2.56	4.80～ 3.20	3.20～ 2.74

注：K_h 应根据热水用水定额高低、使用人（床）数多少取值，当热水用水定额高、使用人（床）数多时取低值，反之取高值，使用人（床）数小于或等于下限值及大于或等于上限值的，K_h 就取下限值及上限值，中间值可用内插法求得。

3）定时供应热水的住宅、旅馆、医院及工业企业生活间、公共浴室、宿舍（Ⅲ、Ⅳ类）、剧院化妆间、体育场（馆）运动员休息室等建筑物的集中热水供应系统的设计小时耗热量应按式（2-3）计算：

$$Q_h = \sum q_h (t_r - t_L) \rho_r n_0 bc / 3600 \tag{2-3}$$

式中　Q_h——设计小时耗热量，W；

q_h——卫生器具的小时用水定额，L/h，按表 1-6 采用；

c——水的比热容，$c=4187J/(kg \cdot ℃)$；

t_r——热水温度，℃，按表 1-4，表 1-5，表 1-6 采用；

t_L——冷水温度，℃，按表 1-8 采用；

n_0——同类型卫生器具数；

b——卫生器具的同时使用百分数，住宅、旅馆、医院、疗养院病房，卫生间内浴盆或淋浴器可按 70%～100% 计，其他器具不计，但定时连续供水时间应大于或等于 2h 的工业企业生活间、公共浴室、学校、剧院、体育场（馆）等浴室内的淋浴器和洗脸盆均按 100% 计。住宅一户带多个卫生间时，可只按一个卫生间计算；

ρ_r——热水密度，kg/L。

（注：住宅、旅馆、医院、疗养院病房定时连续供水时间≥2h。）

4）具有多个不同使用热水部门的单一建筑或具有多种使用功能的综合性建筑，当其热水由同一热水供应系统供应时，设计小时耗热量可按同一时间内出现用水高峰的主要用水部门的设计小时耗热量加其他用水部门的平均小时耗热量计算。

（2）设计小时热水量计算

设计小时热水量按式（2-4）计算：

$$q_{rh} = \frac{Q_h}{(t_r - t_L)C\rho_r} \tag{2-4}$$

式中　Q_h——设计小时耗热量，W；

　　　q_{rh}——设计小时热水量，L/h；

　　　t_r——设计热水温度，℃；

　　　t_L——设计冷水温度，℃；

　　　ρ_r——热水密度，kg/L。

2.4　太阳能集热系统设计

太阳能集热系统主要包含太阳能集热器、贮水箱、管路及相应的阀门和控制系统，强制循环系统还包括循环水泵，间接式系统还包括换热器。

2.4.1　太阳能集热器的定位

在确定太阳能集热器的定位时，需考虑集热器倾角和方位对太阳辐射能量收集的影响。系统全年使用的太阳能集热器倾角应与当地纬度一致；如系统侧重在夏季使用，其倾角宜为当地纬度减 10°；如系统侧重在冬季使用，其倾角宜为当地纬度加 10°。

太阳能集热器设置在平屋面上，应符合下列要求：

（1）对朝向为正南、南偏东或南偏西不大于 30°的建筑，集热器可朝南设置，或与建筑同向设置；

（2）对朝向南偏东或南偏西大于 30°的建筑，集热器宜朝南设置或南偏东、南偏西小于 30°设置；

（3）对受条件限制，集热器不能朝南设置的建筑，集热器可朝南偏东、南偏西或朝东、朝西设置；

（4）水平安装的集热器可不受朝向的限制；但当真空管集热器水平安装时，真空管应东西向放置；

（5）在平屋面上宜设置集热器检修通道；

（6）集热器与前方遮光物或集热器前后排之间的最小距离可按下式计算：

$$D = H \times \cot\alpha_s \times \cos\gamma \tag{2-5}$$

式中　D——集热器与前方遮光物或集热器前后排之间的最小距离，m；

　　　H——集热器最高点与集热器最低点的垂直距离，m；

　　　α_s——太阳高度角，（°）；对季节性使用的系统，宜取当地春秋分正午 12：00 的太阳高度角；对全年性使用的系统，宜取当地冬至日正午 12：00 的太阳高度角；

　　　γ——集热器安装方位角，（°）。

太阳能集热器设置在坡屋面上，应符合下列要求：

（1）集热器可设置在南向、南偏东、南偏西或朝东、朝西建筑坡屋面上；

（2）坡屋面上集热器应采用顺坡嵌入设置或顺坡架空设置；

（3）作为屋面板的集热器应安装在建筑承重结构上；

（4）作为屋面板的集热器所构成的建筑坡屋面在刚度、强度、热工、锚固、防护功能上应按建筑围护结构设计。

太阳能集热器设置在阳台上，应符合下列要求：

（1）对朝南、南偏东、南偏西或朝东、朝西的阳台，集热器可设置在阳台栏板上或构成阳台栏板；

（2）北纬 30°以南地区设置在阳台栏板上的集热器及构成阳台栏板的集热器应有适当的倾角；

（3）构成阳台栏板的集热器，在刚度、强度、高度、锚固和防护功能上应满足建筑设计要求。

太阳能集热器设置在墙面上，应符合下列要求：

（1）在高纬度地区，集热器可设置在建筑的朝南、南偏东、南偏西或朝东、朝西的墙面上，或直接构成建筑墙面；

（2）在低纬度地区，集热器可设置在建筑南偏东、南偏西或朝东、朝西墙面上，或直接构成建筑墙面；

（3）构成建筑墙面的集热器，其刚度、强度、热工、锚固、防护功能应满足建筑围护结构设计要求。

2.4.2　太阳能集热器的连接

工程中使用的太阳能集热器数量较多，一般是将若干集热器先连接成一个集热器组，集热器组之间再通过一定方式连接成一个集热器阵列。如何连接太阳能集热器对太阳能集热系统的防冻排空、水力平衡、减少阻力以及充分发挥各个集热器的作用都起着重要作用。

一般来说，集热器连接成集热器组的方式有三种（见图 2-12）：串联、并联和串并联，串并联也称为混联。平板型集热器或横排真空管集热器之间的连接宜采用并联，但单排并联的集热器总面积不宜超过 32m²；竖排真空管集热器之间的连接宜采用串联，但单排串联的集热器总面积不宜超过 32m²；对于自然循环系统，每个系统的集热器总面积不宜超过 50m²；对大型自然循环系统，可分成若干个子系统，每个子系统的集热器总面积

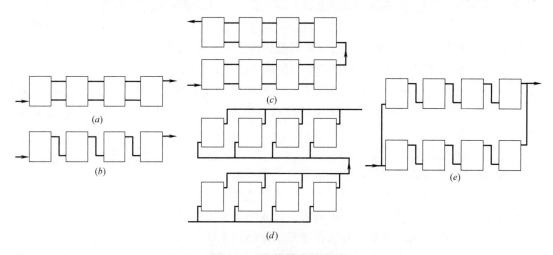

图 2-12　集热器连接方式

（a）并联；（b）串联；（c）、（d）并-串联；（e）串-并联

不宜超过 50m²；对于强制循环系统，每个系统的集热器总面积不宜超过 500m²；对大型强制循环系统，可分成若干个子系统，每个子系统的集热器总面积不宜超过 500m²；具体的数据应根据集热器测试报告中的热性能曲线和不同流量下集热器的阻力进行计算，原则是集热器阵列中工质不气化和循环阻力适当。

通过以上方式连接起来的集热器称为集热器组。多个集热器组连接起来形成太阳能集热系统。集热器的连接应保证单位面积的集热器上流过的流量相同。为保证各集热器组的水力平衡，各集热器组之间的连接推荐采用同程连接，如图 2-13（a）所示。当不得不采用异程连接时，在每个集热器组的支路上应该增加平衡阀来调节流量平衡，如图 2-13（b）所示。

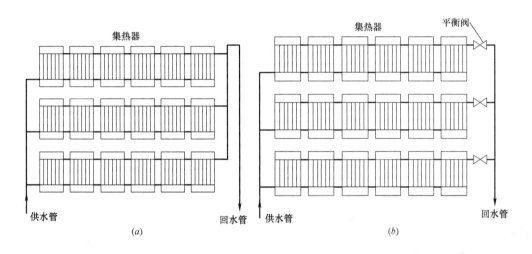

图 2-13　集热器组接管方式

（a）同程连接；（b）异程连接

2.4.3　太阳能集热器选型计算

根据我国目前的标准体系，对贮热水箱容积小于 600L 的家用太阳能热水系统和贮热水箱容积大于或等于 600L 的太阳能热水系统，提出的技术要求和热性能指标是不同的，故系统选型也有所不同。目前应用较多的阳台壁挂式太阳能热水系统即属于家用太阳能热水系统范畴。

家用太阳能热水系统是工厂生产的定型产品，可以根据产品样本给出的性能参数直接进行系统选型，但系统的建筑一体化设计是需重点考虑的因素。

贮热水箱容积大于或等于 600L 的太阳能热水系统则需要设计人员进行各部件产品的选型后，再进行系统设计；太阳能集热器是系统中最为重要的产品部件，所以系统设计的一个重要环节即是对太阳能集热器的选型以及确定由该集热器构成集热系统后的集热器总面积。

（1）贮热水箱容积大于或等于 600L 的直接系统太阳能集热器总面积的确定

直接系统的集热器总面积可根据系统的日平均用热水量和用水温度，按式（2-6）进行计算：

$$A_G = \frac{Q_w \cdot c \cdot \rho_r \cdot (t_{end} - t_L) f}{J_T \cdot \eta_{cd}(1 - \eta_L)} \tag{2-6}$$

式中 A_G——直接系统集热器总面积，m^2；

Q_w——日平均用热水量，平均日用水定额按表1-3取值，L；

c——水的定压比热容，$kJ/(kg \cdot ℃)$；

ρ_r——热水密度，kg/L；

t_{end}——贮水箱内水的终止设计温度，℃；

t_L——水的初始温度，℃；

J_T——当地集热器采光面上的年平均日太阳辐照量，kJ/m^2，可参照表1-2选取；

f——太阳能保证率，无量纲；根据系统使用期内的太阳辐照、系统经济性及用户要求等因素综合考虑后确定，可参照表2-3选取；

η_L——管路及贮水箱热损失率，无量纲，根据经验值取0.20～0.30，也可按式(2-8)进行计算；

η_{cd}——基于总面积的集热器年平均集热效率，无量纲，具体取值根据集热器产品的实际测试结果而定。

(2) 贮热水箱容积大于或等于600L的间接系统太阳能集热器总面积的确定

间接系统与直接系统相比，由于换热器内外存在传热温差，使得在获得相同温度热水的情况下，间接系统比直接系统的集热器运行温度高，造成集热器效率降低，因此间接系统的集热器面积需要补偿。

间接系统的集热器总面积 A_{IN} 可按式(2-7)计算：

$$A_{IN} = A_C \cdot \left(1 + \frac{F_R U_L \cdot A_C}{U_{hx} \cdot A_{hx}} \right) \tag{2-7}$$

式中 A_{IN}——间接系统集热器总面积，m^2；

A_C——直接系统集热器总面积，m^2；

$F_R U_L$——集热器总热损系数，$W/(m^2 \cdot ℃)$，具体数值应根据集热器产品的实际测试结果而定；

U_{hx}——换热器传热系数，$W/(m^2 \cdot ℃)$；

A_{hx}——换热器的换热面积，m^2。

(3) 上述公式中主要参数的确定

1) 参数 Q_w、t_{end} 和 t_L 的确定

热水的日平均用水量 Q_w 用式(2-1)计算，冷水的初始设计温度 t_L 按表1-8选取，贮水箱内水的终止设计温度 t_{end} 则根据现行国家标准《建筑给水排水设计规范》GB 50015 的规定选取。

2) 太阳能保证率 f 的确定

太阳能保证率 f 可按表2-3给出的推荐范围，根据预期投资规模和最佳投资收益比确定。

3) 集热器年平均集热效率 η_{cd} 的确定

集热器年平均集热效率 η_{cd} 利用实测得出的效率方程/曲线计算确定。图2-14为集热器瞬时效率一次方程曲线示意，图中纵坐标为集热器瞬时效率，横坐标为归一化温差 T_i^*。

不同地区太阳能保证率的选值范围　　　　　　　表 2-3

资源区划	年太阳辐照量 [MJ/(m²·a)]	太阳能保证率 f	资源区划	年太阳辐照量 [MJ/(m²·a)]	太阳能保证率 f
I 资源丰富区	≥6700	≥60%	III 资源一般区	4200~5400	40%~50%
II 资源较富区	5400~6700	50%~60%	IV 资源贫乏区	<4200	≤40%

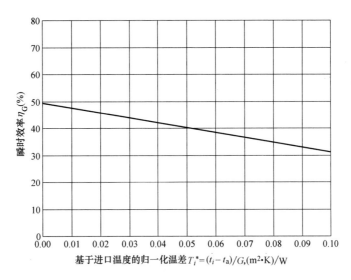

图 2-14　集热器瞬时效率曲线示意

① 瞬时效率一次方程表示为：

$$\eta = \eta_0 - U T_i^*$$

式中　η——以 T_i^* 为参考的集热器热效率，%；

　　　η_0——$T_i^* = 0$ 时的集热器热效率，由测试得出，%；

　　　U——以 T_i^* 为参考的集热器总热损系数，由测试得出，W/(m²·K)；

　　　T_i^*——归一化温差，按设计参数和当地气象参数计算，(m²·K)/W。

② 瞬时效率二次方程表示为：

$$\eta = \eta_0 - a_1 T_i - a_2 G (T_i^*)^2$$

式中　a_1、a_2——以 T_i^* 为参考的常数，由测试得出；

　　　G——太阳总辐射辐照度，W/m²；

　　　T_i^*——归一化温差，按设计参数和当地气象参数计算，(m²·K)/W。

③ 方程中的归一化温差为：

$$T_i^* = (t_i - t_a)/G$$

式中　t_i——集热器工质进口温度，℃；

　　　t_a——环境温度，℃。

计算太阳能集热器集热效率时，归一化温差的计算参数选择如下：

a. $t_i = t_L/3 + 2 t_{end}/3$；

b. t_a 取当地的年平均室外环境空气温度；

c. 年平均总太阳辐照度为：

$$G=J_T/(3.6S_y)$$

式中　J_T——当地集热器采光面上的年平均日太阳辐照量，$kJ/(m^2 \cdot d)$；

　　　S_y——当地的年平均每天的日照小时数，h。

4) 管路及贮水箱热损失率 η_L 的确定

管路与贮水箱的热损失与管路和贮水箱中的热水温度、保温状况以及环境和周边空气温度等因素有关。管路单位表面积的热损失可以参照式（2-8）计算：

$$q_L=\frac{\pi(t-t_a)}{\frac{1}{2\pi}\ln\frac{D_0}{D_i}+\frac{1}{aD_0}} \qquad (2\text{-}8)$$

式中　D_i——单位保温层内径，m；

　　　D_0——管道保温层外径，m；

　　　t_a——保温结构周围环境的空气温度，℃；

　　　t——设备及管道外壁温度，℃，对于金属外壁设备及管道，通常可取介质温度；

　　　a——表面散热系数，$W/(m^2 \cdot ℃)$。

贮水箱的单位表面积热损失可以参照以下公式计算：

$$q=\frac{t-t_a}{\frac{\delta}{\lambda}+\frac{1}{a}} \qquad (2\text{-}9)$$

式中　λ——保温材料热导率，$W/(m^2 \cdot ℃)$；

　　　δ——保温层厚度，m。

对于圆形水箱保温，有：

$$\delta=\frac{D_0-D_i}{2} \qquad (2\text{-}10)$$

根据以上公式计算得到的热损失总量与太阳能热水系统的得热量（$J_T\eta_{cd}$）的比值即为管路及贮水箱的热损失率 η_L。当受条件限制无法进行精确计算时，可以取经验值为0.20～0.30。周边环境温度较低、热水温度较高、保温较差时取上限，反之取下限。

（4）贮热水箱容积小于600L时的系统选型

贮热水箱容积小于600L的太阳能热水系统，可直接选用企业的定型产品（户用系统），具体的选型步骤如下：选择水箱容积与设计的日平均用热水量最为接近的产品，根据第三方权威质检机构测试得出的日有用得热量，判定该产品是否符合设计要求。

2.4.4　强制循环集热系统循环泵选型

（1）太阳能集热系统流量的确定

太阳能集热系统的流量即为循环泵流量，与太阳能集热器的特性有关；单位面积集热器对应的工质流量 q_{gz} 一般应由太阳能集热器生产企业给出。

$$q_x=q_{gz}gA_j \qquad (2\text{-}11)$$

式中　q_x——集热系统循环流量，m^3/h；

　　　q_{gz}——单位面积集热器对应的工质流量，$m^3/(h \cdot m^2)$，按集热器产品实测数据确定。无条件时，可取0.054～0.072$m^3/(h \cdot m^2)$；

　　　A_j——太阳能集热器总面积，m^2。

（2）开式系统循环泵扬程计算

$$H_x = h_{jx} + h_j + h_z + h_f \qquad (2\text{-}12)$$

式中　H_x——循环泵扬程，kPa；

$\quad\quad h_{jx}$——集热系统循环管路的沿程与局部阻力损失，kPa；

$\quad\quad h_j$——循环流量流经集热器的阻力损失，kPa；

$\quad\quad h_z$——集热器顶部与贮热水箱最低水位之间的几何高差，kPa；

$\quad\quad h_f$——附加压力，kPa，取 20～50kPa。

（3）闭式系统循环泵扬程计算

$$H_x = h_{jx} + h_j + h_e + h_f \qquad (2\text{-}13)$$

式中　h_e——循环流经换热器的阻力损失，kPa。

2.4.5　贮水箱设计

太阳能热水系统的贮水箱必须保温。太阳能热水系统贮水箱的容积既与太阳能集热器面积有关，也与热水系统所服务的建筑物的要求有关，贮水箱的设计对太阳能集热系统的效率和整个热水系统的性能都有重要影响。与前文类似，以下将太阳能集热系统的贮水箱简称为贮热水箱，热水供应系统的贮水箱简称为供热水箱。

（1）贮热水箱容积计算

贮热水箱的有效容积按下式计算：

$$V_{rx} = q_{rjd} \cdot A_j \qquad (2\text{-}14)$$

式中　V_{rx}——贮热水箱的有效容积，L；

$\quad\quad A_j$——集热器总面积，m^2，$A_j = A_C$ 或 $A_j = A_{IN}$；

$\quad\quad q_{rjd}$——单位面积集热器平均日产温升 30℃热水量的容积，L/（$m^2 \cdot$ d），根据集热器产品的性能确定，也可按表 2-4 选用。

单位集热器总面积日产热水量推荐取值范围 ［L/（$m^2 \cdot$ d）］　　表 2-4

太阳能资源区划	直接系统	间接系统
Ⅰ 资源极富区	70～80	50～55
Ⅱ 资源丰富区	60～70	40～50
Ⅲ 资源较富区	50～60	35～40
Ⅳ 资源一般区	40～50	30～35

注：1. 当室外环境最低温度高于 5℃时，可以根据实际工程情况采用日产热水量的高限值。

　　2. 本表是按照系统全年每天提供温升 30℃热水，集热系统年平均效率为 35%，系统总热损失率为 20% 的工况下估算的。

集中集热-分散供热太阳能热水系统所设的缓冲贮热水箱，其有效容积一般不宜小于 10% V_{rx}。

（2）贮热水箱管路布置

贮热水箱同时连接太阳能集热系统和热水供应系统。为更好地利用水箱内水的分层效应，热水供应出水管应安排在水箱顶部，自来水补水管在水箱下部，补水口距水箱底部 10～15cm。集热系统的水箱出水口距水箱底部 10cm 左右以防将水箱底部的沉淀物吸入集热器，集热系统的回水接到水箱上部辅助热源之下。图 2-15 为水箱接管示意。

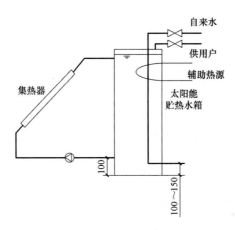

图 2-15　水箱接管示意

(3) 供热水箱容积计算

根据给排水相关设计规范，集中热水供应系统的水箱容积应根据日用热水小时变化曲线及太阳能集热系统的供热能力和运行规律，以及常规能源辅助加热装置的工作制度、加热特性和自动温度控制装置等因素按积分曲线计算确定。间接式系统太阳能集热器产生的热水用作容积式水加热器或加热水箱的一次热媒时，水箱的贮热量不得小于表 2-5 中所列的指标。

贮热水箱的贮热量　　　　　　　　　　　　　　表 2-5

加热设备	太阳能集热系统出水温度≤95℃	
	工业企业淋浴室	其他建筑物
容积式水加热器或加热水箱	≥60min Q_h	≥90min Q_h

注：Q_h 为设计小时耗热量（W）。

当供热水箱的容积小于太阳能集热系统所选贮热水箱容积的 40% 时，太阳能热水系统可采用单水箱的方式。

2.4.6　间接式系统水加热器选型

间接式系统的水加热器实际上是通常采用的热交换器，只不过热源为太阳能热水而已。间接式热水系统采用的热交换器主要有三种（见图 2-16），通常中小型太阳能热水系

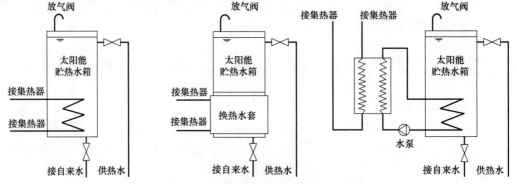

图 2-16　间接式热水系统热交换器示意

统采用容积式或半容积式水加热器；大型系统采用独立于水箱的板式换热器或半即热式水加热器、快速式水加热器等；水套形式的水箱通常在阳台壁挂系统中应用。

太阳能热水系统的水加热器的换热面积可按式（2-15）计算：

$$A_{hx} = \frac{C_r Q_z}{\varepsilon K_{hx} \Delta t_j} \qquad (2\text{-}15)$$

式中　A_{hx}——水加热器换热面积，m^2；

　　　Q_z——太阳能集热系统提供的热量，W；

　　　K_{hx}——传热系数，$W/(m^2 \cdot K)$；在没有具体技术参数的情况下，容积式水加热器可参照表 2-6、表 2-7 计算，半容积式水加热器可参照表 2-8 计算，半即热式水加热器、快速式水加热器由设备样本提供或经计算确定，加热水箱内盘管的传热系数可参照表 2-9 确定；

　　　ε——结垢影响系数，$\varepsilon = 0.6 \sim 0.8$；

　　　Δt_j——一般可根据集热器的性能确定，可取 $5 \sim 10$℃，集热器性能好，温差取高值，否则取低值；

　　　C_r——热水系统的热损失系数，$C_r = 1.1 \sim 1.2$。

导流型容积式水加热器主要热力性能参数 表 2-6

参数\热媒	传热系数 $K[W/(m^2 \cdot K)]$		热媒出水温度 t_{mz}（℃）	热媒阻力损失 Δh_1（MPa）	被加热水水头损失 Δh_2（MPa）	被加热水温升 Δt（℃）
	钢盘管	铜盘管				
70～150℃ 的高温水	616～945	680～1047 1150～1450 1800～2200	50～90	0.01～0.03 0.05～0.1 ≤0.1	≤0.005 ≤0.01 ≤0.01	≥35

注：1. 表中铜盘管的 K 值及 Δh_1、Δh_2 中的两行数字由上而下分别表示 U 形管、浮动盘管和铜波节管三种导流型容积式水加热器的相应值。
　　2. 热媒为高温水时，K 值与 Δh_1 对应。

容积式水加热器主要热力性能参数 表 2-7

参数\热媒	传热系数 $K[W/(m^2 \cdot K)]$		热媒出口温度 t_{mz}（℃）	热媒阻力损失 Δh_1（MPa）	被加热水水头损失 Δh_2（MPa）	被加热水温升 Δt（℃）	容器内冷水区容积 V_L（%）
	钢盘管	铜盘管					
70～150℃ 的高温水	326～349	384～407	60～120	≤0.03	≤0.005	≥23	25

注：容积水加热器即传统的二行程光面 U 形管式容积式水加热器。

半容积式水加热器主要热力性能参数 表 2-8

参数\热媒	传热系数 $K[W/(m^2 \cdot K)]$		热媒出水温度 t_{mz}（℃）	热媒阻力损失 Δh_1（MPa）	被加热水水头损失 Δh_2（MPa）	被加热水温升 Δt（℃）
	钢盘管	铜盘管				
70～150℃ 的热媒水	733～942	814～1047 1500～2000	50～85	0.02～0.04 0.01～0.1	≤0.005 ≤0.01	≥35

注：1. 表中铜盘管的 K 值及 Δh_1、Δh_2 中的两行数字，上行表示 U 形管，下行表示铜制 U 形波节管的相应值。
　　2. K 值与 Δh_1 对应。

加热水箱内加热盘管的传热系数 表 2-9

热媒性质	热媒流速（m/s）	被加热水流速（m/s）	$K[W/(m^2 \cdot K)]$	
			钢盘管	铜盘管
高温热水	<0.5	<0.1	326～349	384～407

通常情况下，间接系统水加热器的换热面积越大，越有利于充分利用太阳能；但是面积加大，初投资会增加，所以，间接系统的水加热器换热面积最好通过技术经济比较确定。

太阳能集热系统提供的热量 Q_z 按式（2-16）计算：

$$Q_z = \frac{k \cdot f \cdot Q_w \cdot c \cdot \rho_r \cdot (t_{end} - t_L)}{3600 S_y} \tag{2-16}$$

式中　Q_w——日平均用热水量，kg；

　　　　c——水的定压比热容，kJ/(kg・℃)；

　　　　ρ_r——水的密度，kg/L；

　　　　t_{end}——贮热水箱内水的终止温度，℃；

　　　　t_L——水的初始温度，℃；

　　　　f——太阳能保证率，无量纲；

　　　　S_y——年或月平均单日日照时间，h；

　　　　k——太阳辐照度时变系数，无具体资料时可取 1.5～1.8，取高限对太阳能利用有利，取低限时对降低投资有利；

　　　　Q_z——太阳能集热系统提供的热量，W。

2.5　常规水加热设备（辅助热源）选型

太阳能热水系统常用的辅助热源种类主要有：蒸汽或热水、燃油或燃气、电、热泵。由于太阳能的供应具有很大的不确定性，为了保证生活热水的供应质量，辅助热源的选型应该按照热水供应系统的负荷选取。

2.5.1　辅助加热量的计算

辅助热源一般通过水加热设备的形式向系统提供热量，辅助热源提供的辅助加热量即为水加热器的供热量。常见的水加热器种类可以分为容积式水加热器、半容积式水加热器及半即热式、快速式水加热器。

集中热水供应系统中，水加热设备的设计小时供热量应根据日热水用水量小时变化曲线、加热方式及水加热设备的工作制度经积分曲线计算确定。当无条件时，可按下列原则确定。

（1）容积式水加热器或贮热容积与其相当的水加热器、热水机组，按式（2-17）计算：

$$Q_g = Q_h - 1.163 \frac{\eta V_r}{T} (t_r - t_L) \rho_r \tag{2-17}$$

式中　Q_g——容积式水加热器（含导流型容积式水加热器）的设计小时供热量，W；

　　　　Q_h——设计小时耗热量，W；

　　　　η——有效贮热容积系数，容积式水加热器 $\eta=0.7\sim0.8$，导流型容积式水加热器 $\eta=0.8\sim0.9$；第一循环系统为自然循环时，卧式贮热水罐 $\eta=0.80\sim0.85$；立式贮热水罐 $\eta=0.85\sim0.90$；第一循环系统为机械循环时，卧、立式贮热

水罐 $\eta=1.0$；

V_r——总贮热容积，L，单水箱系统时取水箱容积的 40%，双水箱系统取供热水箱容积；

t_r——热水温度，℃，按设计水加热器出水温度或贮水温度计算；

t_L——冷水温度，℃，宜按表 1-18 采用；

ρ_r——热水密度，kg/L。

注：当 Q_g 计算值小于平均小时耗热量时，Q_g 应取平均小时耗热量。

（2）半容积式水加热器或贮热容积与其相当的水加热器、燃油（气）热水机组的设计小时供热量应按设计小时耗热量计算。

（3）半即热式、快速式水加热器及其他无贮热容积的水加热设备的设计小时供热量应按设计秒流量所需耗热量计算。

2.5.2 容积式和半容积式水加热器

容积式和半容积式水加热器使用的热媒主要为蒸汽或热水。

（1）以蒸汽为热媒的水加热器设备，蒸汽耗量按式（2-18）计算：

$$G=3.6k\frac{Q_g}{h''-h'},h'=4.187t_{mz} \tag{2-18}$$

式中 G——蒸汽耗量，kg/h；

Q_g——水加热器设计供热量，W；

k——热媒管道热损失附加系数，$k=1.05\sim1.10$；

h'——饱和蒸汽的热焓，kJ/kg，见表 2-10；

h''——凝结水的焓，kJ/kg；

t_{mz}——热媒终温，应由经过热力性能测定的产品样本提供。

饱和蒸汽的热焓 表 2-10

蒸气压力（MPa）	0.1	0.2	0.3	0.4	0.5	0.6
温度（℃）	120.2	133.5	143.6	151.9	158.8	165.0
焓（kJ/kg）	2706.9	2725.5	2738.5	2748.5	2756.4	2762.9

（2）以热水为热媒的水加热器设备，热媒耗量按式（2-19）计算：

$$G=\frac{kQ_g\rho_r}{1.163(t_{mc}-t_{mz})} \tag{2-19}$$

式中 G——热媒耗量，kg/h；

Q_g——水加热器设计供热量，W；

k——热媒管道热损失附加系数，$k=1.05\sim1.10$；

t_{mc}、t_{mz}——热媒的初温与终温，℃，由经过热力性能测定的产品样本提供；

1.163——单位换算系数；

ρ_r——热水密度，kg/L。

2.5.3 常压燃油、燃气热水锅炉/热水器

常压燃油、燃气热水锅炉/热水器通过燃料的燃烧，直接加热通过其炉管内的水。

燃油、燃气耗量按式（2-20）计算：

$$G=3.6\frac{kQ_g}{Q\eta}\qquad(2\text{-}20)$$

式中　G——热媒耗量，kg/h，Nm^3/h；

　　　Q_g——水加热器设计供热量，W；

　　　k——热媒管道热损失附加系数，$k=1.05\sim1.10$；

　　　Q——热源发热量，kJ/kg，kJ/Nm^3，按表 2-11 采用；

　　　η——水加热设备的热效率，按表 2-11 采用。

热源发热量及加热装置热效率　　　　　表 2-11

热源种类	消耗量单位	热源发热量 Q	加热设备效率 η(%)	备注
轻柴油	kg/h	41800~44000kJ/kg	约 85	η 为热水机组的设备热效率
重油	kg/h	38520~46050kJ/kg	65~75(85)	η 栏中括号内为热水
天然气	Nm^3/h	34400~35600kJ/Nm^3	65~75(85)	机组,括号外为局部
城市煤气	Nm^3/h	14653kJ/Nm^3	65~75(85)	加热的 η
液化石油气	Nm^3/h	46055kJ/Nm^3		

注：表中热源发热量及加热设备热效率均系参考值，计算中应根据当地热源与选用加热设备的实际参数为准。

2.5.4　电热水锅炉/电加热器

电热水器耗电量按式（2-21）计算：

$$W=\frac{Q_h}{1000\eta}\qquad(2\text{-}21)$$

式中　W——耗电量，kW；

　　　Q_h——设计小时耗热量，相当于式（2-18）中的设计小时供热量 Q_g，W；

　　　η——水加热设备的热效率，95%~97%。

电作为辅助能源时，虽然电加热设备的效率很高，但由于电是二次能源，要通过煤等常规一次能源转换提供，而一次能源转换成电的效率较低。所以总的来说，电作为辅助能源，其一次能源利用率同直接利用其他形式的能源相比是比较低的。当电加热设备内置在贮热水箱中时，宜按照式（2-17）计算出相应的 Q_g，用 Q_g 代替 Q_h 带入上式中进行计算。

2.5.5　热泵

热泵是以冷凝器放出的热量来供热的设备。可将不能直接利用的低位热源（如空气、土壤、水中所含的热能，太阳能，工业废热等）转换为可以利用的高位热能，从而节约高位能。

按流经热泵蒸发器的低位热源的介质，热泵可划分为空气源热泵和水源热泵。

空气源热泵以室外大气作为低位热源，能效比与水源热泵相比较低，COP 值一般为 3 左右，温度较低时供热效率下降，结霜严重，主要用于长江流域及长江以南地区。由于受压缩机压缩比和冷凝压力的限制，应用空气源热泵供应生活热水时，最好采用二氧化碳等高温工质且出水温度受到限制。因此，在需要保证绝对供热以及绝对保证供热水质量的条件下，不推荐使用空气源热泵作为最终的辅助热源。

水源热泵以水或防冻液等液态工质作为低位热源的热泵，COP 值一般为 5 左右，出水温度受蒸发器侧水温影响，受室外气候条件的影响较小，在水温要求不高的情况下可以作为太阳能热水系统的辅助热源。

2.6　供热水系统设计

太阳能热水系统中的分系统——供热水系统设计应符合现行国家标准《建筑给水排水设计规范》GB 50015 和《民用建筑太阳能热水系统应用技术规范》GB 50364 的相关规定。

2.7　保温设计

太阳能热水系统中的全部管网、贮热水箱、供热水箱等，均应遵循相关标准进行严格的保温设计。

2.7.1　保温层厚度计算

保温层的厚度可按式（2-22）计算：

$$\delta = 3.14 \frac{d_{\mathrm{w}}^{1.2} \lambda^{1.35} \tau^{1.75}}{q^{1.5}} \tag{2-22}$$

式中　δ——保温层厚度，mm；

d_{w}——管道或圆柱设备的外径，mm；

λ——保温层的热导率，kJ/(h・m・℃)；

τ——未保温的管道或圆柱设备外表面温度，℃；

q——保温后的允许热损失，kJ/(h・m)，可按表 2-12 采用。

保温后允许热损失值　　　　　　　　　　　　　　表 2-12

管道直径 DN(mm)	流体温度(℃)					注
	60	100	150	200	250	
15	46.1					
20	63.8					
25	83.7					
32	100.5					
40	104.7					1. 允许热损失单位为 kJ/(h・m)；
50	121.4	251.2	335.0	367.8		2. 流体温度 60℃的值适用于热
70	150.7					水管道
80	175.5					
100	226.1	355.9	460.55	544.3		
125	263.8					
150	322.4	439.6	565.2	690.8	816.4	
200	385.2	502.4	669.9	816.4	983.9	
设备面	—	418.7	544.3	628.1	753.6	允许热损失单位为 kJ/(h・m)

2.7.2　保温材料的选择

保温材料应根据"因地制宜，就地取材"的原则，选取来源广泛、价廉、保温性能好、易于施工、耐用的材料，目前常用的保温材料有岩棉、超细玻璃棉、硬聚氨酯、橡塑泡棉等；具体采用时可参考如下要素：

（1）热导率低、价格低。一般说来，二者乘积最小的材料较经济，在二者乘积相差不大时，热导率小的经济。

（2）密度小、多孔性材料。该类材料热导率小，保温后的管道轻，便于施工，可减少荷重。

（3）保温后不易变形并具有一定的抗压强度。应采用板状和毡状等成型材料；采用散状材料时，应有防止其由于压缩等原因变形的措施。

（4）应采用非燃和难燃材料，必须符合《建筑设计防火规范》等规定的防火要求。对于电加热器等的保温，必须采用非燃材料。

（5）宜采用吸湿性小、存水性弱、对管壁无腐蚀作用的材料。

常用的保温结构由防腐层（一般刷防腐漆）、保温层、防潮层（包油毡、油纸或刷沥青）和保护层组成。保护层根据敷设地点和当地材料不同可采用水泥保护层、铁皮保护层、玻璃布或塑料布保护层、木板或胶合板保护层等。保温结构的具体做法详见相关国家标准图集。

2.8　控制设计

控制系统设计应遵循安全可靠、经济实用、地区与季节差别的原则，实现在最小的常规能源消耗条件下获得最大限度利用太阳能的总体目标。

控制系统设计所使用的电气设备应装设短路保护和接地故障保护等，使用的传感器、核心控制单元、显示器件、执行机构等应符合相关产品标准的要求。

控制系统设计应实现对太阳能集热系统、辅助能源系统以及供热水系统等的功能控制与切换。控制系统功能包含运行控制功能与安全保护功能。运行控制功能应包含手动控制与自动控制功能。

2.8.1　运行控制

（1）运行控制功能设计基本规定

1）采用温差循环运行控制设计的集热系统，温差循环的启动值与停止值应可调；

2）在开式集热系统及开式贮热水箱的非满水位运行控制设计中，宜在温差循环使得水箱水温高于设定温度后，采用定温出水，然后自动补水，在水箱水满后再转换为温差循环；

3）温差循环控制的水箱测温点应设在水箱的下部；

4）当太阳能集热系统循环为变流量运行时，应根据集热器进出口温差改变流量，实现稳定运行；

5）在较大面积集热系统的情况下，代表集热器温度的高温点或低温点宜设置一个以上的温度传感器；

6）在采用开式贮热水箱和开式供热水箱的系统中，供热水箱的水源宜由贮热水箱供应；

7）在太阳能集热系统和供热水系统中，水泵的运行控制应设置缺液保护。

（2）直流式系统

采用定温放水控制方式，当集热系统的出水温度达到设定温度时，控制阀或水泵开启，将热水顶入水箱备用；同时，冷水被顶入集热系统继续加热。

（3）强制循环系统

强制循环直接和间接系统的控制示意如图 2-17 和图 2-18 所示。温度控制器 S_1 和 S_2 分别设置在水箱底部和集热系统出水口，温度传感器的信号传送到控制器 T_1 中。当二者温差大于某一数值时（一般设定为 5～10℃），控制器控制循环泵 P_1 开启将集热系统的热水传输到水箱或水箱中的换热器；当二者温度差小于设定值时（一般设定为 2～5℃），循环

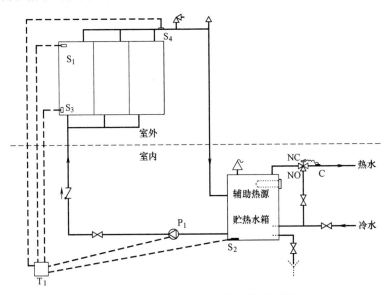

图 2-17　直接系统温差循环控制系统

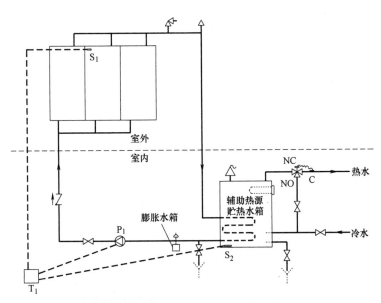

图 2-18　间接系统温差循环控制系统

泵停止工作。控制器中的温差设置可以根据现场情况调节，一般间接系统取上限，直接系统取下限，且应避免水泵的频繁启停。

2.8.2　防冻控制

太阳能热水系统在冬季温度可能低于0℃的地区使用时，需要考虑防冻问题。对较为重要的系统，即使在温和地区使用也应考虑防冻措施。开始执行防冻措施的温度一般取3～4℃。直流式和自然循环系统往往采用手动排空的方式来防止冻结，在严寒地区不推荐使用。

（1）直接系统

直接系统应在环境温度不是很低，防冻要求不是很严格的场合使用。一般采用如图2-19所示的排空（drain-down）系统。在可能会有冻结发生或停电时，系统自动通过多个阀门的启闭将太阳能集热系统中的水排空，并将太阳能集热系统与市政供水管网断开。当使用排空系统时，对集热系统中集热器和管路的安装坡度有严格要求，以保证集热系统中的水能完全排空；排空的持续时间应可调。

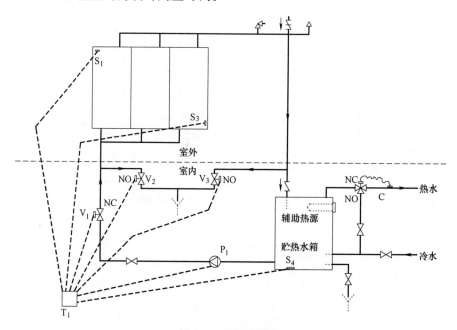

图2-19　排空系统

在不宜采用排空方法防冻运行时，宜采用定温防冻循环优先于电加热辅助防冻措施；在采用电加热辅助防冻措施时，宜采用管路或水箱内设置电加热器，并且循环水泵防冻的措施优先于管路电伴热辅助防冻措施；防冻运行时，宜控制管路温度在5～10℃之间。

（2）间接系统

对间接系统而言，可采用如图2-20所示的排回（drain-back）系统，或在太阳能集热系统中充注防冻液作为传热工质的防冻液系统，如图2-21所示。

1）排回系统

在排回系统中，集热系统仍可采用水作为热媒。如图2-20所示，除贮热水箱外，系

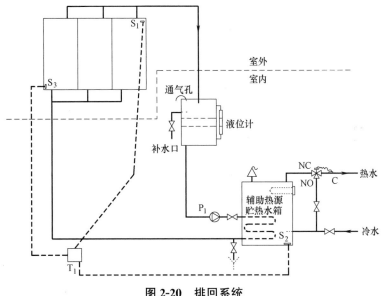

图 2-20　排回系统

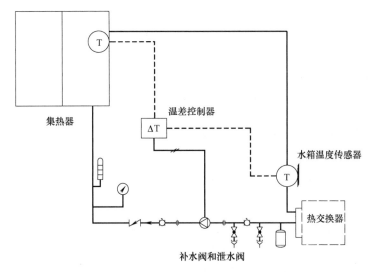

图 2-21　防冻液系统

统中还设置一个贮水箱专用于贮存防冻控制实施时从集热系统排回的水。当太阳能集热系统出口水温低于贮水箱水温时，太阳能集热系统停止工作，循环泵关闭，太阳能集热系统中的水依靠重力作用流回贮水箱。

当使用开式排回系统时，水箱通过通气孔直接与大气连接。集热系统集热器和管路的安装坡度有严格要求，一般要求安装坡度在 1% 左右，以保证集热系统中的水能完全排回贮水箱，此时贮水箱以上的管路和设备中充注从外界吸入的空气。为保证集热器中的水能排回贮水箱，贮水箱位置不能高于集热器位置。贮水箱和集热器之间的高差应考虑到集热系统的水泵扬程中。

在闭式排回系统中，贮水箱同时也是膨胀水箱，需要安装放气阀和安全阀。水泵扬程可以不考虑贮水箱和集热器之间的高差。在集热系统停止工作时，需要防冻保护的集热系统中的水通过密度差产生的倒虹吸作用回到贮水箱中,将贮水箱中的空气顶入需要防冻保护的集热系统;冻结危险解除,集热系统恢复工作时,通过水泵用水将集热系统中的空气顶回贮水箱中。因此,设计时贮水箱的容积必须足够大,贮水箱中的空气容积应该比需要防冻保护的集热系统部分的设备和管道的容积大。此外,贮水箱和管路设计时要注意使空气和水流形成活塞流,避免管路中形成气液两相流,导致防冻失败。

排回系统在冻结现象不太频繁发生的地区使用具有较大优势。首先,集热器和相关管路中的热媒夜间贮存在贮水箱中,在第二天不需浪费太阳能进行再次加热;此外,集热系统可以使用无腐蚀、传热性能较好的水作为热媒,从而提高系统效率。但是,在太阳辐射高峰时期,如果冻结危险解除或电力恢复,太阳能热水系统自动恢复运行,将贮水箱中的水泵入高温的太阳能集热器中时,会对集热器造成严重的热冲击,可能损坏集热器,需要采取相应的防护措施;在集热器空晒温度过高时,集热系统不会自动恢复运行。

2)防冻液系统

防冻液系统在工程使用中最为常见。由于防冻液系统是闭式系统,集热系统循环水泵的扬程只需要克服管路阻力,不用考虑集热器的安装高度,因此集热器的放置位置没有严格限制。此外,防冻液系统也没有严格的管路坡度要求,管路系统中常用的防冻剂主要为乙二醇溶液,其他可供选用的防冻液还包括氯化钙、乙醇(酒精)、甲醇、醋酸钾、碳酸钾、丙二醇和氯化钠等。由于防冻液通常带有腐蚀性,因此系统采用的热交换器一般需用双层结构以免污染生活热水或生活热水进入防冻液对防冻液的功能产生影响。防冻液的组成成分对其冰点有关键性影响,集热系统不应设自动补水,以免破坏防冻液成分。在大型系统中,使用防冻液的集热系统应设旁通管路(见图 2-22),以防集热系统清晨启动时防冻液温度过低将热交换器或水箱中的水冻结。防冻液的选择对系统的性能影响很大,需要谨慎选取防冻液类型。防冻液根据生产商要求应定期更换,没有具体要求时最多 5 年必须进行更换。

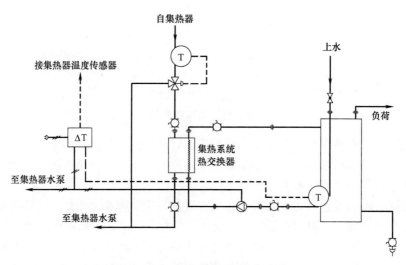

图 2-22　带旁通管路的防冻液系统

在集热系统水容量较大或室外易冻结管路较长时,为减少白天集热系统启动时防冻液预热所需消耗的太阳能,可以在防冻液系统中采取如图 2-20 所示的排回系统,在夜间将防冻液排回保温的贮水箱中保存。但集热系统必须采用承压的闭式系统，以防止防冻液因为与外界空气接触持续氧化而失去功效。

2.8.3 过热防护控制

太阳能热水系统过热产生的原因和现象有很多。当系统长期无人用水时，贮热水箱中热水温度会发生过热，产生烫伤危险甚至沸腾，产生的蒸汽会堵塞管道甚至将水箱和管道挤裂，这种过热现象称为水箱过热。在采用防冻液系统时，集热系统中防冻液的温度高于115℃后防冻液具有强烈腐蚀性，对系统部件会造成损坏；当集热系统的循环泵发生故障、关闭或停电时可能导致整个系统过热，对集热器和管路系统造成损坏；这些过热现象称为集热系统过热。因此，为保证系统的安全运行，在太阳能热水系统中应设置过热防护控制措施。

过热防护控制系统的工作思路是：当发生水箱过热时，不允许集热系统采集的热量再进入水箱，避免供热系统水的过热，此时多余的热量由集热系统承担；当集热系统也发生过热时，任由集热系统中的工质沸腾或采取其他措施散热。

过热防护控制系统由过热温度传感器和相关的控制器和执行器组成。建议在水箱顶部专设一个过热温度传感器，或借用温差控制中的集热系统出口温度传感器来承担该项功能；目的是探测到水箱或集热系统真实的最高温度。过热防护的温度设定一般在80℃以内，以免发生烫伤危险；集热系统过热温度传感器的温度设定高于水箱过热温度传感器的温度设定，根据所采取的集热系统过热防护措施具体确定该温度。

在排空或排回系统中，只需设置水箱过热防护，集热器系统不考虑过热防护。当水箱过热温度传感器探测到过热情况发生时，控制器首先将集热系统循环泵关闭，太阳能集热系统中的热媒被排回到水箱，集热器处于空晒状态。在这种情况下，选择集热器时，必须考虑集热器可能承受的空晒高温。当过热消除，将水箱中的水重新注入集热器时，还需考虑集热器应能承受相应的热冲击，并采取其他相应措施减小热冲击。

在防冻液系统或用水作为集热系统热媒的闭式系统中，当水箱过热发生时，循环水泵停止运行，集热系统处于闷晒状态。闷晒温度过高时，集热系统热媒会沸腾，防冻液的性能也会被破坏。如果不设置集热系统过热防护措施，任由工质沸腾，则集热系统中就必须设置安全阀泄压，在过热结束后再重新补充工质。安全阀的设置压力应低于系统中所有部件的承压能力，一般为350kPa左右，对应的温度大约为150℃。集热系统膨胀罐在选型时应适当放大以容纳热媒部分汽化后产生的蒸汽。

由于温度过高会破坏防冻液性能，防冻液的补充也很费时费力，防冻液系统可以采用如图 2-23 所示的带集热系统过热防护功能的空气冷却器防冻液系统。当系统发生水箱过热时，集热系统循环泵继续运行，但热媒不进入水箱热交换器，而是通过三通阀进入一个空气冷却器回路向环境散热，此时风机暂不启动；而在集热系统过热发生时，控制器开启风扇强制向环境散热以确保集热系统温度在设定温度内。这种系统形式会浪费部分太阳能，过热温度传感器安装在集热系统出口，一般根据系统部件的耐热能力设定在95～120℃，过热时由控制器启动过热保护程序，直到集热系统和水箱水温恢复正常为止。

系统过热最彻底的解决措施应该是在设计阶段就针对用户的用热水规律来规划和设计

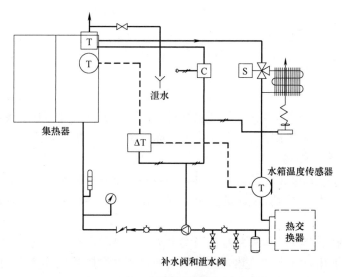

集热器

泄水

水箱温度传感器

热交换器

补水阀和泄水阀

图 2-23　带空气冷却器的防冻液系统

系统，从源头上尽量避免过热现象的发生。在系统部件的选择上，必须以系统的过热保护启动温度作为工作温度来选择，以保证过热防护系统的正常运行。

第3章 太阳能热水系统的调试、验收与评价

3.1 基本原则

应根据现行国家标准《民用建筑太阳能热水系统应用技术规范》GB 50364 的相关规定，进行系统调试和工程验收。

应根据现行国家标准《可再生能源建筑应用工程评价标准》GB/T 50801 中针对太阳能热水系统的相关规定，进行太阳能热水系统的性能、效益评价。评价可分为三类：设计方案评价、工程验收性能评价和长期运行性能评价，分别在不同阶段进行。

根据标准规定，太阳能热水系统的评价应包括指标评价、性能合格判定和性能分级评价。应先进行单项指标评价，根据单项指标的评价结果进行性能合格判定。判定结果合格宜进行分级评价，判定结果不合格不进行分级评价。

3.1.1 设计方案评价

该评价应在系统施工图完成后进行，是对系统设计方案所能达到的预期性能评价，以及可获得的节能、环保效益的预评估。

要求太阳能热水工程完成的系统设计文件，应包括对该系统所做的节能和环保效益分析计算书。对太阳能热水系统节能、环保效益进行的计算分析，应以已完成设计施工图中所提供的相关参数作为依据。

3.1.2 工程验收性能评价

该评价在工程完成后的竣工验收阶段进行，竣工验收应提交下列验收资料：

(1) 项目立项、审批文件；

(2) 项目施工图纸、设计变更证明文件和竣工图；

(3) 项目施工设计文件审查报告及其意见；

(4) 太阳能集热器、主要材料、设备、构件、仪表、成品、半成品的质量证明文件、进场检验记录、进场核查记录、进场复验报告和见证试验报告；

(5) 屋面防水检漏记录、隐蔽工程验收记录和各分项工程质量中间验收记录；

(6) 对相邻建筑的日照分析，对建筑承重和安全的影响分析；

(7) 系统水压试验记录，系统生活热水的水质检验记录；

(8) 系统调试及试运行记录；

(9) 系统的热工性能检验记录；

(10) 验收和评价人员认为应具备的其他文件和资料。

评价程序与要求如下：

（1）应按照现行国家标准《可再生能源建筑应用工程评价标准》GB/T 50801 针对太阳能热水系统短期测试的相关规定，进行系统性能检测，并依据实际检测数据和标准给出的公式，计算分析系统的节能、环保效益；

（2）太阳能热水系统的系统类型、集热器类型、集热器总面积、储水箱容量、辅助热源类型、辅助热源容量、循环管路类型、控制系统和辅助材料（保温材料、阀门以及仪器仪表）等内容符合设计文件的规定；

（3）系统的各项性能指标达到设计要求；

（4）得出的系统节能和环保效益结果，与设计方案评价阶段所做的节能和环保效益分析计算预期值一致。

3.1.3　长期运行性能评价

该项评价在系统交付用户使用，投入长期运行后进行；应以实际测试参数为依据，即通过对系统的长期性能监测，得出系统实际获得的节能、环保效益。

长期运行性能评价需在系统设计时就考虑设置用于长期运行监测的温度、流量等仪表和对应的传感器，并在系统施工时预留位置，完成安装，监测数据还可利用互联网远传处理；可作为合同能源管理时的节能收益结算，以及政府实施相关优惠政策时的依据。

3.2　评价指标及性能判定与分级

3.2.1　评价指标

太阳能热水系统的评价指标及其要求应符合下列规定：

（1）太阳能热水系统的太阳能保证率应符合设计文件的规定，当设计无明确规定时，应符合表 3-1 的规定。

不同地区太阳能热水系统的太阳能保证率 f　　　　　　　　　　表 3-1

太阳能资源区划	太阳能热水系统
资源极富区	$f \geqslant 60\%$
资源丰富区	$f \geqslant 50\%$
资源较富区	$f \geqslant 40\%$
资源一般区	$f \geqslant 30\%$

在这里要注意的是太阳能资源区划按年日照时数和水平面上年太阳辐照量进行划分，应符合 GB/T 50801—2013 附录 B 的规定。

（2）太阳能热水系统的集热系统效率应符合设计文件的规定，当设计文件无明确规定时，太阳能热水系统的集热效率 $\eta(\%)$ 应大于或等于 42%。

（3）太阳能集热系统的贮热水箱热损因数 U_{sl} 不应大于 30 W/(m³·K)。

（4）太阳能供热水系统的供热水温度 t_r 应符合设计文件的规定，当设计文件无明确规定时 t_r 应大于或等于 45℃且小于或等于 60℃。

（5）太阳能热水系统的常规能源替代量和费效比应符合项目立项可行性报告等相关文

件的规定，当无文件明确规定时，应在评价报告中给出。

（6）太阳能热水系统的静态投资回收期应符合项目立项可行性报告等相关文件的规定。当无文件明确规定时，静态投资回收期不应大于 5 年。

（7）太阳能热水系统的二氧化碳减排量应符合项目立项可行性报告等相关文件的规定，当无文件明确规定时，应在评价报告中给出。

3.2.2　判定与分级

太阳能热水系统的单项评价指标应全部符合评价指标的规定，方可判定为性能合格；有 1 个单项评价指标不符合规定，则判定为性能不合格。

太阳能热水系统应采用太阳能保证率和集热系统效率进行性能分级评价。若系统太阳能保证率设计值符合表 3-1 的规定，且集热系统效率设计值大于或等于 42%，则太阳能热水系统性能判定为合格；之后，可进行性能分级评价。太阳能热水系统的太阳能保证率分为 3 级，1 级最高，级别应按表 3-2 的规定进行划分。

不同地区太阳能热水系统的太阳能保证率 f 级别划分　　　　表 3-2

太阳能资源区划	1 级	2 级	3 级
资源极富区	$f \geqslant 80\%$	$80\% > f \geqslant 70\%$	$70\% > f \geqslant 60\%$
资源丰富区	$f \geqslant 70\%$	$70\% > f \geqslant 60\%$	$60\% > f \geqslant 50\%$
资源较富区	$f \geqslant 60\%$	$60\% > f \geqslant 50\%$	$50\% > f \geqslant 40\%$
资源一般区	$f \geqslant 50\%$	$50\% > f \geqslant 40\%$	$40\% > f \geqslant 30\%$

太阳能热水系统的集热系统效率分为 3 级，1 级最高，级别应按表 3-3 划分。

太阳能热水系统的集热效率 η 的级别划分　　　　表 3-3

级别	太阳能热水系统集热效率（%）
1 级	$\eta \geqslant 65$
2 级	$65 > \eta \geqslant 50$
3 级	$50 > \eta \geqslant 42$

太阳能热水系统的性能分级评价应符合下列规定：

（1）太阳能保证率和集热系统效率级别相同时，性能级别应与此级别相同；

（2）太阳能保证率和集热系统效率级别不同时，性能级别应与其中较低级别相同。

3.3　设计方案评价

3.3.1　系统的常规能源替代量

太阳能热水系统的年常规能源替代量应按下式计算：

$$q_{tr} = \frac{q_{nj}}{q_{ce} \eta_t} \tag{3-1}$$

式中　q_{tr}——太阳能热水系统的常规能源替代量，kgce；

q_{ce}——标准煤热值，取 29.307MJ/kgce；

η_t——以传统能源为热源时的运行效率，根据项目适用的常规能源，应按表3-4确定。

以传统能源为热源时的运行效率 η_t

表3-4

常规能源类型	热水系统运行效率
电	0.31
煤	—
天然气	0.84

注：综合考虑以煤为能源的火电系统发电效率和电热水器的加热效率。

其中：太阳能集热系统的全年得热量可按下式计算：

$$q_{nj}=A_c \cdot J_T \cdot (1-\eta_c) \cdot \eta_{cd} \tag{3-2}$$

式中 q_{nj}——太阳能集热系统的全年得热量，MJ/a；

A_c——系统的太阳能集热器总面积，m^2；

J_T——太阳能集热器采光表面上的年总太阳辐照量，$MJ/(m^2 \cdot a)$；

η_{cd}——太阳能集热器的年平均集热效率，%；

η_c——管路、水泵、水箱等装置的系统热损失率，经验值宜取 0.2～0.3。

3.3.2 系统的年节能费用

太阳能热水系统的年节约费用 C_{sr} 应按式（3-3）计算：

$$C_{sr}=P \times \frac{q_{tr} \times q_{ce}}{3.6}-M_r \tag{3-3}$$

式中 C_{sr}——太阳能热水系统的年节约费用，元；

q_{tr}——太阳能热水系统的常规能源替代量，kgce；

q_{ce}——标准煤热值，取 29.307MJ/kgce；

P——常规能源的价格，元/kWh，常规能源的价格 P 应根据项目立项文件所对比的常规能源类型进行比较，当无明确规定时，由测评单位和项目建设单位根据当地实际用能状况确定常规能源类型选取；

M_r——太阳能热利用系统每年运行维护增加的费用，元，由建设单位委托有关部门测算得出。

3.3.3 系统的静态投资回收期

太阳能热水系统的静态投资回收年限 N 应按式（3-4）计算：

$$N_h=\frac{C_{zr}}{C_{sr}} \tag{3-4}$$

式中 N_h——太阳能热水系统的静态投资回收年限，即系统的增量成本通过每年节约费用回收的时间，静态投资回收年限计算不考虑银行贷款利率、常规能源上涨率等影响因素；

C_{zr}——太阳能热水系统的增量成本，元，增量成本依据项目单位提供的项目决算书进行核算，项目决算书中应对太阳能热水系统的增量成本有明确的计算和说明；

C_{sr}——太阳能热水系统的年节约费用，元。

3.3.4　系统的费效比

太阳能热水系统的费效比 CBR_r 应按式（3-5）计算得出：

$$CBR_r = \frac{3.6 \times C_{zr}}{q_{tr} \times q_{ce} \times N} \tag{3-5}$$

式中　CBR_r——系统费效比，元/kWh；

C_{zr}——太阳能热水系统的增量成本，元，增量成本依据项目单位提供的项目决算书进行核算，项目决算书中应对太阳能热水系统的增量成本有明确的计算和说明；

q_{tr}——太阳能热水系统的常规能源替代量，kgce；

q_{ce}——标准煤热值，取 29.307MJ/kgce；

N——系统寿命期，根据项目立项文件等资料确定，当无明确规定，N 可取 15 年。

3.3.5　系统的二氧化碳减排量

太阳能热水系统的二氧化碳减排量 Q_{rco_2} 应按式（3-6）计算：

$$Q_{rco_2} = q_{tr} \times V_{co_2} \tag{3-6}$$

式中　Q_{rco_2}——太阳能热水系统的二氧化碳减排量，kg；

V_{co_2}——标准煤的二氧化碳排放因子，取 $V_{co_2} = 2.47$kg/kgce。

3.4　工程验收性能评价

3.4.1　测试要求

工程竣工验收时的系统热工性能检验、测试方法应符合国家标准《可再生能源建筑应用工程评价标准》GB/T 50801 对系统进行短期测试的规定，质检机构应对其出具的检测报告负责，该检测报告是工程通过竣工验收的必要条件。

太阳总辐照度采用总辐射表测量，总辐射表应符合现行国家标准《总辐射表》GB/T 19565 的要求。其他仪器、仪表应满足现行国家标准 GB/T 18708、GB/T 20095 等要求。全部仪器、仪表必须按国家规定进行校准。

在进行工程的热工性能检测时，系统热工性能检验记录的报告内容应包括至少 4d（该 4d 应有不同的太阳辐照条件、日太阳辐照量的分布范围见表 3-5）、由太阳能集热系统提供的日有用得热量、集热系统效率、热水系统总能耗和系统太阳能保证率的检测和计算、分析结果。

太阳能热水系统热工性能检测的日太阳辐照量分布　　　　　表 3-5

时间	第 1 天	第 2 天	第 3 天	第 4 天
测试当日的日太阳辐照量	$H < 8$MJ/($m^2 \cdot d$)	8MJ/($m^2 \cdot d$)$\leqslant H$ < 12MJ/($m^2 \cdot d$)	12MJ/($m^2 \cdot d$)$\leqslant H$ < 16MJ/($m^2 \cdot d$)	$H \geqslant 16$MJ/($m^2 \cdot d$)

3.4.2　太阳能集热系统的全年得热量

太阳能集热系统的全年得热量 q_{nj} 应按式（3-7）计算：

$$q_{nj}=x_1q_{j1}+x_2q_{j2}+x_3q_{j3}+x_4q_{j4} \tag{3-7}$$

式中　　　　　q_{nj}——全年太阳能集热系统得热量，MJ；

q_{j1}、q_{j2}、q_{j3}、q_{j4}——按表 3-5 中不同太阳辐照量条件下实测得出的单日集热系统有用得热量，MJ；

x_1、x_2、x_3、x_4——分别为一年中当地按表 3-5 中日太阳辐照量分布所涵盖的 4 类不同日太阳辐照量的总计天数。

3.4.3　太阳能集热系统效率

集热系统效率应按式（3-8）计算：

$$\eta=\frac{x_1\eta_1+x_2\eta_2+x_3\eta_3+x_4\eta_4}{x_1+x_2+x_3+x_4} \tag{3-8}$$

式中　　　　　η——集热系统效率，％；

η_1、η_2、η_3、η_4——不同太阳辐照量下的单日集热系统效率，％，单日集热系统效率 η 用下式计算得出：

$$\eta=\frac{q_j}{A\times H}\times100\% \tag{3-9}$$

式中　　η——太阳能热水系统的集热系统效率，％；

q_j——检测得出的太阳能集热系统单日得热量，MJ；

A——集热系统的集热器总面积，m^2；

H——检测当日的太阳日总辐照量，MJ/m^2。

3.4.4　系统太阳能保证率

系统的太阳能保证率应按式（3-10）计算：

$$f=\frac{x_1f_1+x_2f_2+x_3f_3+x_4f_4}{x_1+x_2+x_3+x_4} \tag{3-10}$$

式中　　　　　f——太阳能保证率，％；

f_1、f_2、f_3、f_4——不同太阳辐照量下的单日太阳能保证率，％，利用式（3-11）计算得出；

x_1、x_2、x_3、x_4——分别为一年中当地按表 3-5 中日太阳辐照量分布所涵盖的 4 类不同日太阳辐照量的总计天数。

系统单日的太阳能保证率应按式（3-11）计算：

$$f=\frac{q_j}{q_z}\times100\% \tag{3-11}$$

式中　　f——单日太阳能保证率，％；

q_j——检测得出的太阳能集热系统单日得热量，MJ；

q_z——检测得出的单日系统总能耗，MJ。

3.4.5　系统的节能环保效益

系统常规能源替代量、年节能费用、静态投资回收期、费效比和二氧化碳减排量等节能环保效益的分析计算，与设计方案评价时相同，仍应使用式（3-1）、式（3-3）～式（3-6）。

3.5　系统长期运行性能评价

长期运行性能评价能够更为准确地反映系统的实际效益，虽然会增加一些费用支出，但在太阳能热水系统的总投资中占比并不高。因此，是今后系统运行性能评价的发展方向；现阶段条件适宜时，应优先采用。目前，我国已有一批实施系统长期运行性能监测评价的工程投入使用，并有成熟的关联技术。

进行太阳能热水系统的长期运行性能评价，可依据现行国家标准《可再生能源建筑应用工程评价标准》GB/T 50801 中针对长期测试所做的相关规定；但应在条件具备时选择高标准要求，例如测试周期，宜在系统工作的整个寿命期内实施对系统运行的性能监测，而不是仅满足 120d 的最低限规定，从而获得更为全面、准确的性能和效益评价结果。

第 2 部分

太阳能热水系统工程实例

第 4 章 引 言

在 2000 年之前，家用太阳能热水系统是市场上的主流产品，绝大多数销往农村地区，解决了广大农民的洗浴问题。与建筑结合较好的太阳能热水系统多在低层住宅和宾馆旅店等热水需求比较集中的地方，采用的系统多为集中集热—集中供热的太阳能热水系统，如无锡太湖国际博览中心君来世尊酒店、海南三亚国光酒店和北京中粮营养健康研究院行政中心楼的太阳能热水系统，由于建筑的用热水负荷比较大，太阳能可以较好地发挥节能效果。

随着建筑行业的发展，太阳能热利用行业也有了较大的发展，2000 年以来，国家及各级政府陆续出台鼓励和支持在建筑中应用太阳能热水系统，在住宅建筑中高层建筑越来越多，对于太阳能应用提出了新的要求。对于高层住宅建筑，目前常见的系统形式有两种：

（1）是集中集热-分散供热的集中式太阳能热水系统见图 4-1。

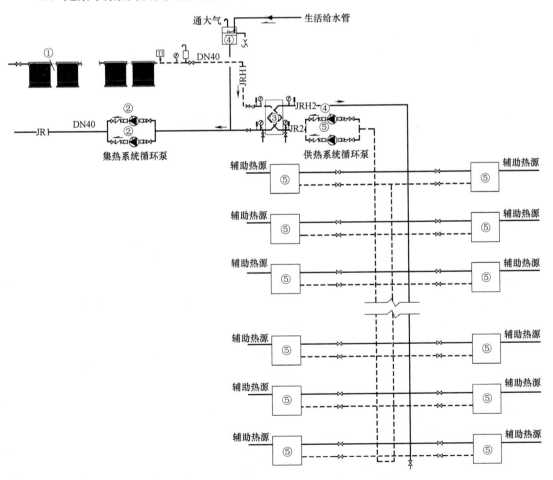

图 4-1 高层住宅集中太阳能热水系统原理图

浙江宁波东方丽都项目，北京通州永顺镇居住项目，安徽芜湖中央城CB♯楼，北京金融街融汇项目，北京万年基业项目，宁夏银川中房·东城人家二、三期住宅项目均为集中集热-分散供热的太阳能热水系统。

集中集热-分散供热系统设计要点，主要关注以下两个方面：一个是集热器的选型，太阳能集热器热性能的优劣直接影响太阳能热水系统的节能效果。由于高层建筑的屋面面积有限，建筑物的用热水负荷比较大，为了体现太阳能热水系统的节能效果，在高层建筑中应用太阳能热水系统应选择热性能比较好的太阳能集热器，国家标准《平板型太阳能集热器》GB/T 6424和《真空管型太阳能集热器》GB/T 17581分别对其产品性能质量做出了合格性指标规定；其中对热性能的要求是以效率曲线表征的，图4-2和图4-3给出了不同热性能的平板型太阳能集热器和真空管型太阳能集热器效率曲线〔根据国家太阳能热水器质量监督检验中心（北京）和国内外检测中心的测试数据统计〕。以平均气温为10℃，工作温度为40℃，平均辐照量为600W/m² 计算，从图4-2和图4-3中可以看出，对于质量满足标准要求的产品，在我国大部分地区环境资源条件和热水运行工况时的集热效率可以达到45％左右，从而保证系统能够获得较好的预期效益，国家标准对太阳能集热器产品的安全性等重要指标也有合格限的规定；因此，要求在高层建筑的太阳热水系统中必须使用合格产品。

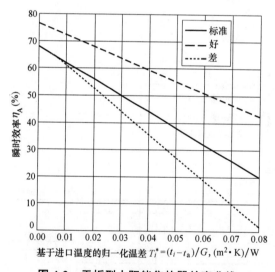

图4-2　平板型太阳能集热器效率曲线

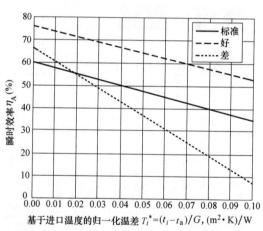

图4-3　真空管型太阳能集热器瞬时效率曲线

另外一个方面要关注系统的辅助热源设置及系统运行控制策略，通常此类的系统辅助热源设置在用户的供热水箱内，在太阳辐照不好时，辅助热源启动加热满足生活热水需求。通常集中式太阳能热水系统中集热系统收集的热量通过设置在用户水箱内的换热器将热量传递给水箱内用于洗浴的水，系统的运行仅为电耗，此类系统不存在向业主收取热水费用的问题，通常这部分费用分摊在物业费用中。浙江宁波东方丽都项目、北京通州永顺镇居住项目、安徽芜湖中央城Cb号楼，北京万年基业项目。宁夏银川中房·东城人家二三期住宅项目即为此类项目。项目运行控制策略设置不合理会导致两方面的问题：一是出现一户加热全楼水箱的现象；二是各户获得热量不均匀。第一个问题在本书的案例中已经得到了很好的解决，相对于其他项目，浙江宁波东方丽都项目和宁夏银川中房·东城人家二、三期住宅项目对于第二个问题的解决方案比较巧妙，实现了每户水箱内水温的温升大致接近。

北京金融街融汇项目集热系统为自然循环直接系统，自来水经设置在贮热水箱的换热器预热后供给用户，温度不够时系统的加热费用由用户自己承担，用户只需支付自来水费即可，也是此类系统一种很好的尝试。

（2）分散式供热的家用太阳能热水系统（见图 4-4）

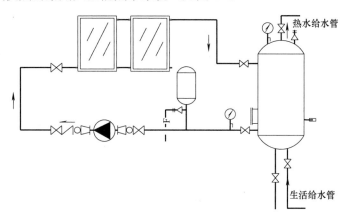

热水给水管

生活给水管

图 4-4　高层住宅分散太阳能热水系统原理图

同常规的家用太阳能热水系统相比，分散式家用太阳能热水系统的集热器可以根据建筑效果的需要，安装在墙面、阳台、女儿墙等处，充分利用了围护结构的表面积；系统分户设置，原理简单，便于维护。山东东营农业高新技术产业示范区职工保障性住房项目、北京西北旺六里屯定向安置房项目、安徽芜湖峨桥安置小区均采用阳台壁挂的分散式太阳能热水系统，由于考虑到建筑的造型，集热器的倾角都非常小，对于太阳辐射的接收是不利的因素，需要对适合于高层住宅建筑应用的分散式系统展开进一步的研究，尤其是高性能的集热器的研究。因为在建筑立面上的安装，集热器安装的安全性应引起足够的重视，以上项目均采用平板型太阳能集热器，在固定和安装集热器时也考虑了安装的可靠性，但还是存在改进的空间。

北京苏家坨镇前沙涧定向安置房项目采用了集热、贮储热一体的真空管型分散式太阳能热水系统，基于安全性的考虑，生产厂家在集热管的外部设置防爆膜，即使真空管损坏，掉落伤人的可能性也大大降低。

北京邮电大学沙河校区一期的集中式太阳能热水系统、太阳能集热器和贮热水箱设置成一体，自来水通过设置在集热器上部的贮热水箱换热器加热后供给学生洗浴，取消了集中的太阳能贮热水箱，充分利用自来水的压力，节省了集中系统供热水的电耗。

在现有的生活热水供应系统上增加太阳能集热器，利用太阳能集热系统预热自来水也是太阳能热水系统应用的方向，新疆雪峰科技（集团）股份有限公司办公楼和北京水文地质系统地质大队地质大厦增加了太阳能集热系统后，节能效果明显。

随着市场的发展，太阳能热利用已经有了新的应用发展方向，如太阳能供暖、太阳能空调、太阳能工农业应用等。同时，低能耗建筑技术的应用也给太阳能热利用的发展带来了契机。河北益民股份有限公司的项目就采用太阳能季节蓄热技术来满足建筑物冬季供暖需求和全年的生活热水需求。

第5章　山东东营农业高新技术产业示范区
职工保障性住房太阳能热水系统

5.1　系统概况

5.1.1　建筑概况

工程地点位于东营市武家大沟以南，青垦路以东，新海路以西，为东营农业高新技术产业示范区职工保障性住房（南郊花园），属于新建住宅建筑，共计 2284 户，111000m² （见图 5-1）。

5.1.2　系统形式

阳台壁挂系统为分散集热-分散供热系统，于 2014 年由北京四季

图 5-1　建筑立面实景图

沐歌太阳能技术集团有限公司完成设计安装。系统主要采用太阳能和辅助能源电加热满足用水要求，当太阳能集热系统不能满足需要时，自动启用辅助能源电加热系统。

5.1.3　系统特点

系统采用四季沐歌生产的型号为怡景 FPC1188-100L。采用平板型太阳能集热器，吸热板芯吸收率达到 95％；盖板采用特制钢化玻璃，透光率高、隔热防冻性能好，且抗震抗压，坚固耐用。

采用承压设计，水箱为搪瓷内胆。系统配有智能控制系统，低能耗设计，自动化控制，全自动上水，光电自动转换，24h 持续供应热水。集热器与水箱分离设置，水箱安装在阳台内，水箱上镶嵌液晶显示屏，触屏式操作，简单方便，美观大方。

5.2　系统设计

5.2.1　设计参数

5.2.1.1　气象参数

选用东营的临近城市——烟台作为参照依据，选取设计用气象参数。

年太阳辐照量：水平面 5137.75MJ/m²；

年日照时数：2756.4h；

年平均温度：12.43℃；

年平均日太阳辐照量：水平面 14.08MJ/m²。

5.2.1.2　热水设计参数

最高日热水用水定额：40～80/(人・d)；

平均日热水用水定额：20～60L/(人・d)；

设计热水温度：50℃；

冷水设计温度：12℃。

5.2.1.3　常规能源费用

电价格：0.55 元/kWh。

5.2.1.4　太阳集热器类型及尺寸

集热器类型：平板型太阳能集热器；

集热器尺寸：2350mm×800mm×80mm（长×高×厚）。

5.2.2　热水系统负荷计算

5.2.2.1　系统日热水量

根据实际情况和甲方要求，该项目热水用水定额为 100L/(户・d)。

5.2.2.2　日均用水水温

为减少投资并保证用水点用水温度，取设计水箱终止水温：50℃。

5.2.3　太阳能集热系统设计

5.2.3.1　太阳能集热器

太阳能集热器与建筑同方位，正南。每户太阳能系统安装一组怡景阳台壁挂太阳能集热器，总集热面积为 1.98m²。在集热器倾斜面上辐照量大于 14.08MJ/(m²・d) 的条件下，每天能将 100L 的水从基础水温 12℃升高到 50℃，阴雨天气以及冬季辐照不好的情况使用辅助能源提供。

5.2.3.2　控制系统设计

集热系统采用自然循环方式使水箱夹套层中的工质逐渐升温。夹套层工质再将热量传给贮热水箱内胆中的生活用水，逐渐达到使用温度。当遇阴雨天或太阳辐照不足，水温较低时，通过设定控制器开启电辅助加热，达到设定温度后，电加热关闭。出水方式通过顶水式即冷水进入将水箱中的热水顶出，供用户用水（见图 5-2）。

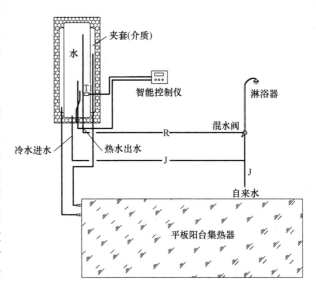

图 5-2　怡景平板阳台壁挂太阳能运行原理图

5.2.4　与建筑结合的节点设计（见图 5-3）

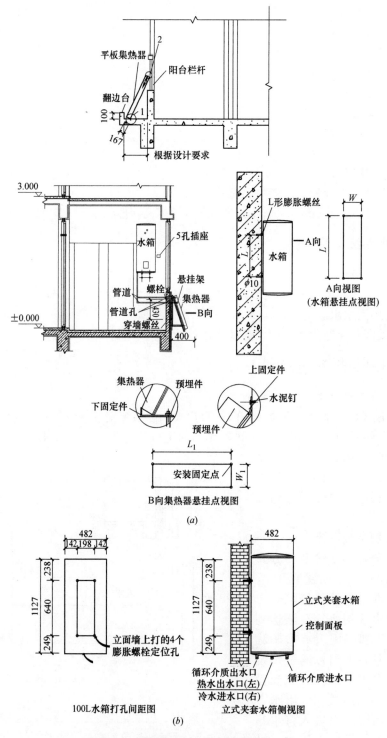

图 5-3　与建筑结合的节点设计图（一）

（a）安装节点图；（b）水箱剖面图

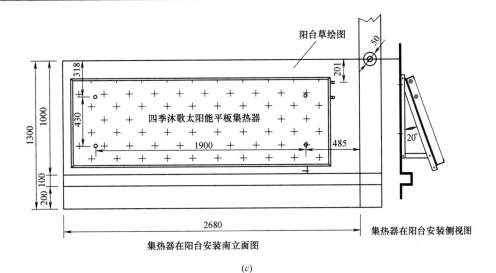

(c)

图 5-3 与建筑结合的节点设计图（二）

（c）集热器在阳台安装南立面图及侧视图

5.3 设备选型

5.3.1 集热器

该工程选用四季沐歌——怡景 FPC1188-100L 平板型太阳能集热器。平板型集热器详细技术参数如表 5-1 所示。

			FPC118-100L 平板型太阳能集热器技术参数 表 5-1		

外壳		外壳种类	加厚铝合金（ALMg₃）咖啡色,国标镀锌板背板
		外壳材料	6063/T5
		壁厚	1.0mm
		工艺	挤压成型
密封条		材质	三元乙丙
		性能	抗老化、耐候
玻璃盖板		材料	布纹超白钢化玻璃
		透射比	≥91%
		厚度	3.2mm
绝热材料	底面	材质	38K 玻纤棉带阻燃锡箔纸贴面
		厚度	35mm
	四周	材质	48K 玻纤棉带黑玻纤布贴面贴面
		厚度	20mm
集热面积			1.88m²
光热性能指标		板芯表面涂层	氧化层
		涂层工艺	阳极氧化
		膜层厚度	0.45mm

65

续表

光热性能指标	吸收比	$\alpha \geqslant 0.92$(AM1.5)
	发射比	$\varepsilon = 0.080$(80℃±5℃)
物理性能指标	外形尺寸(mm)	2350×800×80(长×高×厚度)
	试验压力	1.0MPa
	额定工作压力	0.6MPa
管道组合	集管材质	TP2紫铜
	集管规格(mm)	$\phi22 \times 0.6$
	排管材质	TP2紫铜
	排管规格(mm)	$\phi8 \times 0.5$
	水道数量	竖向流道17根
	集热板插口螺纹尺寸	G1/2″
集热器底板	彩钢板	0.4mm

5.3.2 夹套搪瓷水箱

贮热水箱内胆的材质：BTC340R优质钢板搪瓷，内胆桶身1.8mm厚，封头3.0mm厚，搪瓷0.35mm厚，水箱额定工作压力≤0.7MPa，内胆爆破压力4.0MPa，保温聚氨酯整体发泡，厚度为50mm，蓄热水箱外壳采用烤漆彩钢板，壁厚为0.5mm，蓄热水箱外壳的外型尺寸为$\phi482 \times 1148$，内置夹套换热装置，内胆$\phi368$，外桶$\phi482$。水箱具有6个下列接口：热水出口、冷水入口、循环进口、循环出口、充液口、溢流口。水箱配有安全阀，且安全阀的泄水口能安全可靠的通向室外。

水箱立式安装，水箱内分层比较大，有效防止混水。水箱内置镁棒防腐。

5.3.3 控制和电辅助加热系统

每套系统都配置有控制系统，控制系统集成安装在贮热水箱上，安装位置是在阳台内墙上，水箱具体位置及高度根据客户要求现场可做灵活性调整，以便于用户操作为原则。水箱内置1组辅助电加热（1.5kW/220V/50Hz）。操作面板配有水温度/时间显示、电源指示灯、加热指示灯、保温指示灯等控制功能及相应按钮。

系统可进行水温设定，同时水温可以在20~75℃的范围内由用户自由调节。

系统具有电加热预约定时自动开关设置功能，用户可以按需要设定开启电加热的时间。

系统具有漏电保护、超温保护、干烧保、安全自检等保护功能。出现这些故障时系统自动停止工作，排除故障后才能重新启动。

循环系统采用防冻液循环，能耐-30℃超低温度，具有很好的防冻功能。

电源线采用2.5mm² 的3芯护套软线，长度不小于1.5m预留，并配3脚16A插头。

5.3.4 管道

循环加热管的材质为$\phi20$mm不锈钢波纹管道，连接管件为国标黄铜件，数量为每套

4m。连接方式为自然循环加热、保温方式为 20mm 厚阻燃黑色橡塑保温棉。

5.4　项目图纸

系统原理图如图 5-4 和图 5-5 所示。

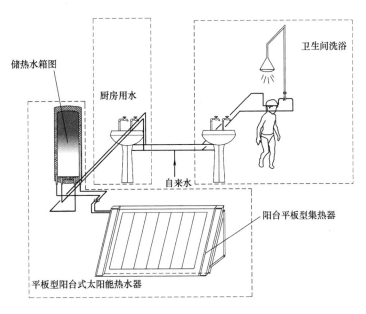

图 5-4　系统运行原理图

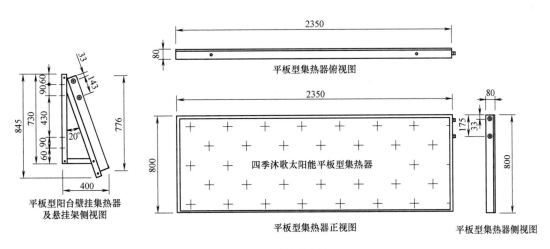

图 5-5　集热器大样图

5.5　系统实际使用效果检测

2015 年 10 月 29～31 日、11 月 4 日国家太阳能热水器质量监督检验中心（北京）对该系统进行了测试，贮热水箱热损系数为 $10.7W/(m^3 \cdot K)$。具体检测结果见表 5-2。

检测结果　　　　　　　　　　表 5-2

序号	环境温度（℃）	太阳辐照量（MJ/m²）	平均每户系统得热量（MJ）	系统常规热源耗能量（MJ）	集热系统效率（%）	太阳能保证率（%）
1	8.9	11.79	8.6	8.1	41.9	51.5
2	8.5	18.54	15.4	1.3	47.7	92.2
3	9.1	15.82	13.2	3.5	48.0	79.0
4	8.7	7.62	5.1	11.6	38.5	30.5

5.6　系统节能环保效益分析

根据国家标准《可再生能源建筑应用工程评价标准》GB/T 50801 的规定，结合测试数据得出本项目的节能环保效益如表 5-3 所示。

节能环保效益　　　　　　　　表 5-3

项目		单位	数值
全年保证率		%	66.1
集热系统效率		%	44.4
全年常规能源替代量		tce/a	1012.7
环保效果	CO_2减排量	t/a	2501.4
	SO_2减排量	t/a	20.25
	粉尘减排量	t/a	10.13
系统费效比		元/kWh	0.09
年节约费用		元	3972111
静态投资回收期		a	2.9

第6章 北京西北旺镇六里屯定向安置房太阳能热水系统

6.1 系统概况

6.1.1 建筑概况

该项目位于北京市昌平区西北旺镇，为新建住宅建筑，规划总用地面积284000m²，建筑面积为468200m²，共计4018户，每户安装1台阳台壁挂式太阳能热水器。

6.1.2 系统形式

太阳能热水系统类型为分散集热-分散供热系统，由北京海林节能科技股份有限公司完成设计安装。采用平板型太阳能集热器为集热元件，整个项目共安装了4018台阳台壁挂式太阳能热水器，太阳能集热器总面积为7754.74m²，总轮廓采光面积为7071.68m²，集热器安装在每户阳台外，集热器安装倾角为90°。每套太阳能热水系统配置1个80L承压式贮热水箱，贮热水箱的保温材料均为50mm厚的聚氨酯，系统辅助热源为1.5kW电加热，日照不足及阴雨天气时保证热水供应。

6.1.3 系统特点

该项目采用阳台壁挂系统，每户为一个独立系统，不仅解决了物业的管理难题，也不存在一户出现不正常整栋楼系统瘫痪的问题。将太阳能集热器安装在建筑南立面的阳台上，取得了较好的建筑一体化效果。

6.2 系统设计

6.2.1 设计参数

6.2.1.1 气象参数

年太阳辐照量：水平面5570.481MJ/m²，40°倾角表面6281.993MJ/m²；

年日照时数：2755.5h；

年平均温度：11.5℃；

年平均日太阳辐照量：水平面15.252MJ/m²，集热器倾角表面11.88MJ/m²。

6.2.1.2 热水设计参数

最高日热水用水定额：80L/(人・d)；

平均日热水用水定额：30L/(人・d)；

设计热水温度：60℃；

冷水设计温度：10℃。

6.2.1.3　常规能源费用

电价格：0.488元/kWh（居民用电价格）。

6.2.1.4　太阳集热器类型及尺寸

集热器类型：平板型太阳能集热器；

集热器尺寸：2500mm×770mm，2000mm×770mm，2500mm×600mm。

6.2.2　热水系统负荷计算

每户为独立的一套系统，每户以2.8人计，用水量为78L，选用的太阳能热水系统的水箱为80L。

6.2.3　太阳能集热系统设计

6.2.3.1　太阳能集热器

太阳能集热器与建筑同方位，朝向正南；与墙面平行摆放。根据建筑围护结构的实际情况，该项目采用了三种规格的太阳能集热器，具体规格为：2500mm × 770mm，2000mm×770mm，2500mm×600mm。

6.2.3.2　防冻措施

该系统采用防冻液介质进行防冻。

6.3　项目图纸及照片

6.3.1　系统原理图（见图6-1）

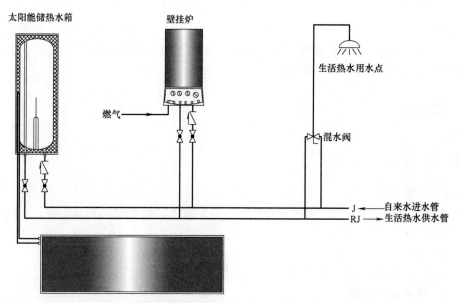

图 6-1　系统原理图

6.3.2　集热器安装实景图（见图 6-2）

图 6-2　集热器安装实景图

6.3.3　与建筑结合节点图（见图 6-3）

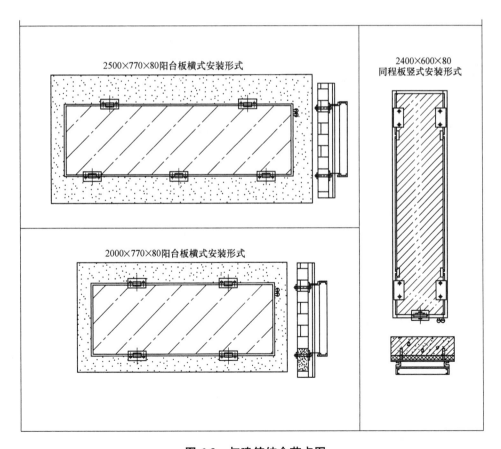

图 6-3　与建筑结合节点图

6.4 系统实际使用效果检测

2015 年 4 月 16 日、4 月 20 日、4 月 22 日、4 月 23 日、4 月 26 日国家太阳能热水器质量监督检验中心（北京）对该系统进行了测试，测试期间室外空气平均温度为 14.1～14.6℃，贮热水箱容水量为 0.08m³，热损因数测试结果为 11.2W/(m³·K)。具体检测结果见表 6-1。

检测结果　　　　　　　　　　　　　　　　表 6-1

序号	环境温度（℃）	太阳辐照量（MJ/m²）	平均每户系统得热量（MJ）	系统常规热源耗能量（MJ）	集热系统效率（%）	太阳能保证率（%）
1	14.1	17.21	16.3	0	49.1	100
2	14.3	7.65	5.1	8.3	34.5	38.1
3	14.2	11.73	8.6	4.8	38.0	64.2
4	14.6	16.13	15.2	0	48.8	100

6.5 系统节能环保效益分析

根据国家标准《可再生能源建筑应用工程评价标准》GB/T 50801 的规定，结合测试数据得出本项目的节能环保效益如表 6-2 所示。

节能环保效益　　　　　　　　　　　　　　表 6-2

项目		单位	数值
全年保证率		%	79.3
集热系统效率		%	43.5
全年常规能源替代量		tce/a	1943.2
环保效果	CO_2 减排量	t/a	4799.7
	SO_2 减排量	t/a	38.86
	粉尘减排量	t/a	19.43
系统费效比		元/kWh	0.08
年节约费用		元	7909634
静态投资回收期		a	2.3

第7章 安徽芜湖峨桥安置小区
阳台壁挂太阳能热水系统

7.1 系统概况

7.1.1 建筑概况

安徽芜湖峨桥安置房由芜湖市三山建设投资有限公司开发，为新建住宅建筑，位于芜湖市三山区。建筑为小高层住宅楼，共计 3404 户（见图 7-1）。

图 7-1 建筑立面图

7.1.2　系统形式

该工程的太阳能热水系统形式为分散集热-分散供热、自然循环系统，由芜湖贝斯特新能源开发有限公司完成设计安装。

项目采用平板型阳台壁挂式太阳能热水器，配置的平板型集热器的总面积为 2.0m²，规格为（长）2000mm×（宽）800mm×（厚）80mm。太阳能集热器的参数如表 7-1 所示。

太阳能集热器性能参数
表 7-1

项目	单位	型号
		F-P-G/0.7-L/HG-1.6-2
排管类型		栅形
板芯铜管材料	mm	集管 $\phi 22mm \times \delta 0.6mm$； 排管 $\phi 8mm \times \delta 0.6mm$，材质为 TP2
轮廓面积	m²	1.60
采光集热面积	m²	1.44
吸热体面积	m²	1.44
轮廓尺寸	mm	2000×800×80
空重	kg	37
介质容积	L	1.3
管路走向		竖向
接口		$\phi 22$ 铜管
板芯（吸热体）		蓝膜选择性吸收涂层
吸收率		≥93%
发射率		≤5%
边框材料		6063 铝型材
底板	mm	镀锌板 $\delta 0.3mm$
保温层材料及厚度	mm	玻璃纤维 30mm
透明盖板		布纹低铁钢化玻璃，$\delta 3.2mm$，透光率≥89%
热效率		0.75
入射角修正系数 $K_{50°}$		0.95
传热工质		乙二醇溶液或纯水
试验压力	MPa	1.2MPa，并保压 15min
工作压力	MPa	0.6

贮热水箱选用搪瓷承压式水箱，容量 80L。热水出水温度≥50℃，夏天≤80℃，热水系统可承压 0.6MPa 压力，水箱内置控制器采用微电脑液晶显示，屏幕显示水箱温度等数据，操作简单方便。承压水箱参数如表 7-2 所示。

表 7-2

承压水箱性能参数

参　　数	80L 立式盘管式搪瓷承压水箱
水箱外径(mm)	$\phi470$
内胆直径(mm)	$\phi390$
内胆板材及壁厚	BTC340R-2.0
净容积(L)	80
保温厚度(mm)	40
额定压力(MPa)	0.7
搪瓷厚度(mm)	0.15~0.5
搪瓷材料	瓷釉
进出水管尺寸	G1/2″
辅助加热功率(kW)	1.5
外形尺寸(mm)	$\phi470mm\times988mm$
重量(kg)	41

　　平板型集热器安装在居室朝南的阳台外,贮热水箱安装在阳台内部合适的位置,由太阳能热水系统各组件及循环管道连接贮热水箱组成的家庭热水系统。

　　贮热水箱是承压水箱,热水系统为闭路承压系统,使用时只要打开冷水阀门就能把热水顶出贮热水箱至淋浴喷头使用。该平板型分体壁挂式太阳能热水器的热交换采用导热介质内循环对贮热水箱的冷水进行热交换,整个热水系统不结垢,水质清洁,而且导热介质热交换启动快,交换效率高,并且防冻,环境温度在$-30℃$时,系统可以正常工作。

　　贮热水箱内安装了电辅助加热器,作阴雨天辅助加热,并配有漏电保护器、微电脑液晶显示,用户可以根据自己的要求设定加热时间和洗浴温度,安全可靠。

　　由于平板型集热器吸热板芯是采用铜管焊接制成,正常使用情况下基本无维修。系统管道选用不锈钢波纹管,采用 15mm 厚橡塑保温棉保温,外缠白色空调扎带。

7.2　系统设计

7.2.1　设计参数

7.2.1.1　气象参数

　　年太阳辐照量:水平面 4200~5400MJ/m²;

　　年日照时数:1800~2000h;

年平均温度：13℃。

7.2.1.2　热水设计参数

平均日热水用水定额：40L/(人·d)；

设计热水温度：55℃；

冷水设计温度：15℃。

7.2.1.3　常规能源费用

电价格：0.47元/kWh（居民用电价格）。

7.2.1.4　太阳集热器类型及尺寸

集热器类型：平板型太阳能集热器；

集热器尺寸：2000mm×800mm×80mm。

7.2.2　集热器支架

支架采用3mm厚热镀锌板轧制型材，轧制型材支架上设有防风扣，安装时可使平板型集热器与支架成为整体，支架表面无毛刺并经过喷塑处理，外表平滑亮丽，无高低不平和剥落等缺陷。

7.3　项目图纸

7.3.1　系统原理图（见图7-2）

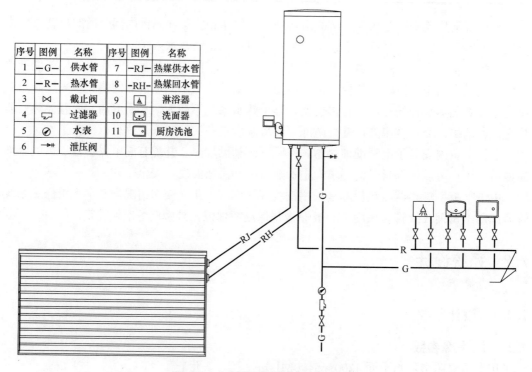

序号	图例	名称	序号	图例	名称
1	—G—	供水管	7	-RJ-	热媒供水管
2	—R—	热水管	8	-RH-	热媒回水管
3	⋈	截止阀	9	⛯	淋浴器
4	⏍	过滤器	10	⎙	洗面器
5	⊘	水表	11	▭	厨房洗池
6	→⊩	泄压阀			

图 7-2　自然循环间接系统原理图

7.3.2　集热器平面布置图（见图 7-3）

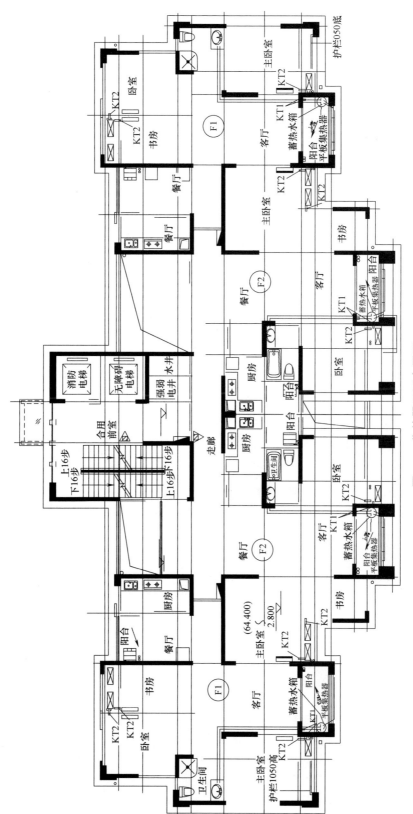

图 7-3　集热器平面布置图

7.3.3　与建筑结合节点图（见图 7-4）

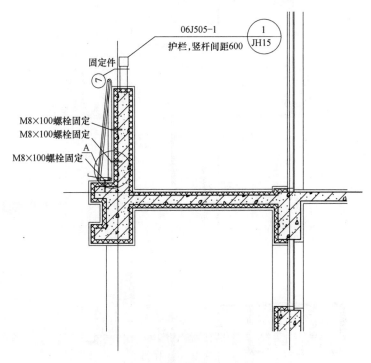

图 7-4　与建筑结合节点图

第 8 章　北京苏家坨镇前沙涧定向安置房太阳能热水系统

8.1　系统概况

8.1.1　建筑概况

该项目位于北京市海淀区苏家坨镇前沙涧，为新建住宅建筑，建筑面积面积 76.9 万 m^2，共 6974 户，建筑高度为 47.75m（见图 8-1）。

图 8-1　建筑立面图

8.1.2　系统形式

系统采用集热与贮热一体式家用太阳能热水系统，为分散集热-分散供热系统，于 2013 年由东晨阳光（北京）太阳能科技有限公司完成设计安装。24h 供应热水，无水箱；太阳集热器安装在南立面墙上；辅助热源为燃气壁挂炉。

8.1.3　系统特点

（1）防爆设计，专利进口防爆膜，高层使用更安全；

（2）抗风设计，圆形真空管间流线通道，具有良好的导流作用，有效避免风力因素影响；

（3）防雷击，和预留的防雷接入点可靠连接；

（4）防雹设计，垂直安装，有效避免高空坠物、冰雹等风险；

（5）防渗漏设计，耐高温进口材料，专利密封技术；

（6）无有形水箱，不占用室内空间；

（7）闷晒加热，热效率高；

（8）专利防冻技术。

8.2　系统设计

8.2.1　设计参数

8.2.1.1　气象参数

年太阳辐照量：水平面 5570.481MJ/m²；

年日照时数：2755.5h；

年平均温度：11.5℃；

年平均日太阳辐照量：水平面 15.252MJ/m²。

8.2.1.2　热水设计参数

最高日热水用水定额：80L/（人・d）；

平均日热水用水定额：28L/（人・d）；

设计热水温度：60℃；

冷水设计温度：10℃。

8.2.1.3　常规能源费用

天然气价格：2.05 元/m³（2010 年价格）。

8.2.1.4　太阳集热器类型及尺寸

集热器类型：集、贮热一体的真空管型太阳能集热器；

集热器尺寸：2250mm×790mm×166mm。

8.2.2　热水系统负荷计算

因系统是每户为独立的一套系统，每户按 2.8 人考虑，设置容量为 80L 的系统一套。

8.2.3　太阳能集热系统设计

8.2.3.1　太阳能集热器

太阳能集热器与建筑同方位，朝向正南；与墙面平行设置（见图 8-2）。

8.2.3.2　防冻防过热措施

（1）防冻

室外部分管道均做橡塑保

图 8-2　集热器布置图

温并敷设有防冻电伴热带。主机和室外部分管道采用专利防冻技术，可确保严寒天气停电情况下不会因结冰体积膨胀而破坏主机部件及管道。

（2）过热防护

在微电脑控制仪的自动控制下，在集热过程中与大气相通，集热产生的蒸汽膨胀会自动排出，有效防过热、防超压。恒温混水阀自行调节冷热水混水温度，保证出水温度恒定。

8.2.3.3　控制系统设计

采用全智能控制仪，生活用水通过给水管路进入太阳能热水器，全玻璃真空管将太阳能转换成热能加热集热器中的水。集热过程中进水电磁阀为关闭状态，排气电磁阀为开启状态，系统整体不承压。太阳能集热过程中热水体积膨胀和蒸汽从排气管道安全排出，用水时控制仪通过压力感应器感应管道压力变化，切换电磁阀状态，进水电磁阀开启，排气电磁阀关闭，系统依靠自来水压力稳定供应生活热水。太阳能与燃气壁挂炉串联，当太阳能出水温度高于燃气壁挂炉设定温度时，燃气壁挂炉不启动加热；当太阳能不足时太阳能出水温度低于燃气壁挂炉设定温度，燃气壁挂炉启动加热。

8.2.3.4　建筑日照设计、防风、防雷设计

该项目的建筑间距满足集热器在大寒日的有效日照不低于 2h，太阳能热水系统由多个模块组成，真空玻璃管之间相隔 45mm，圆形真空管并列形成的流线通道，具有良好的导流作用，可有效避免风力因素影响。单个太阳能热水系统和钢支架都和预留的防雷接入点或避雷带可靠连接，有效防雷。

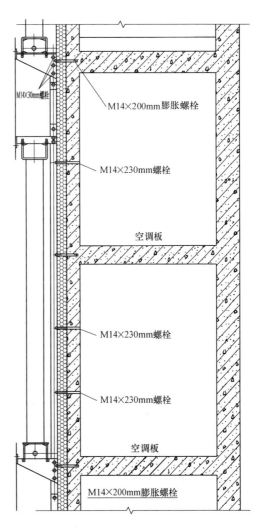

图 8-3　太阳能集热器安装大样图

8.2.4　与建筑结合的节点设计

太阳能集热器总重量为 150kg，通过支架或预留平台固定在立面墙上，墙体及预留平台的载荷能力满足其重量要求（见图 8-3）。

8.3　设备选型

该项目使用容量为 80L 的构件式无水箱太阳能热水系统，集热面积为 1.42m²，集热

器尺寸为 2250mm×790mm×166mm，辅助热源为燃气壁挂炉。

8.4 项目图纸

系统原理图（如图 8-4 所示）。

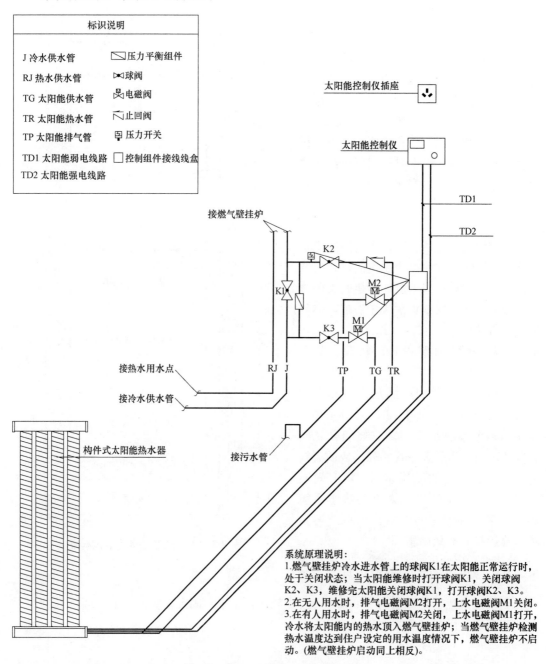

系统原理说明：
1. 燃气壁挂炉冷水进水管上的球阀K1在太阳能正常运行时，处于关闭状态；当太阳能维修时打开球阀K1，关闭球阀K2、K3，维修完太阳能关闭球阀K1，打开球阀K2、K3。
2. 在无人用水时，排气电磁阀M2打开，上水电磁阀M1关闭。
3. 在有人用水时，排气电磁阀M2关闭，上水电磁阀M1打开，冷水将太阳能内的热水顶入燃气壁挂炉；当燃气壁挂炉检测热水温度达到住户设定的用水温度情况下，燃气壁挂炉不启动。(燃气壁挂炉启动同上相反)。

图 8-4 系统原理图及系统控制策略

第9章 安徽合肥中海岭湖墅太阳能热水系统

9.1 系统概况

9.1.1 建筑概况

中海岭湖墅由合肥中海新华房地产开发有限公司开发，为新建住宅建筑，位于合肥市高新区。建筑为地上3层联排别墅，合计54栋、342套（见图9-1）。

图9-1 建筑外观图

9.1.2 系统形式

该项目采用平板型集热器分体太阳能热水系统，为分散集热-分散供热系统，由芜湖贝斯特新能源开发有限公司完成设计安装。实现了与建筑一体化，和环境和谐统一，安装后安全可靠。

每户设置1套独立的平板型集热器分体太阳能热水系统。集热系统承压运行，采用温差循环；当集热器介质温度高于循环管路回路管介质温度8℃时，集热循环泵运行；当集热器介质温度仅高于循环管路回路管介质温度4℃时，集热循环泵停止。为保证用户在阴、雨、雾、雪天气也可以用到生活热水，在用户贮热水箱内设置电辅助加热器并且配置微电脑智能控制器，智能控制器实时数码显示水箱温度，为充分节约用电，电辅助加热器受温度与时间两个参数控制，在规定的时间段内当水箱水温低于设定数值时，电辅助加热器自动启动，水温达到设定的温度上限值时自动停止加热。

9.1.3 系统特点

该太阳能热水系统实现了与建筑一体化，与环境和谐统一，安装后安全可靠。平板型集热器敷设在建筑物楼顶上，预先预埋集热器基础，集热器支架采用 4 号热镀锌角钢整体焊接，抗风能力强。采用 12 号镀锌圆钢将支架与建筑物避雷带连接。

9.2 系统设计

9.2.1 设计参数

9.2.1.1 气象参数

年太阳辐照量：水平面 $4200\sim5400\mathrm{MJ/m^2}$；

年日照时数：$1800\sim2000\mathrm{h}$；

年平均温度：$13℃$。

9.2.1.2 热水设计参数

平均日热水用水定额：$40\mathrm{L/(人 \cdot d)}$；

设计热水温度：$55℃$；

冷水设计温度：$15℃$。

9.2.1.3 常规能源费用

电价格：0.47 元/kWh（居民用电价格）。

9.2.1.4 太阳集热器类型及尺寸

集热器类型：平板型太阳能集热器；

集热器尺寸：$2000\mathrm{mm}\times1000\mathrm{mm}\times80\mathrm{mm}$。

9.2.2 热水系统负荷计算

每户按 4 人考虑，设置 200L 水箱。

9.2.3 太阳能集热系统设计与选型

采用的平板型集热器总面积 $2.0\mathrm{m^2}$，规格为（长）$2000\mathrm{mm}\times$（宽）$1000\mathrm{mm}\times$（厚）$80\mathrm{mm}$，整板蓝膜全铜板芯，边框为铝合金，表面电泳处理，内置全紫铜管集管。

集热器支架：采用镀锌 4 号角钢现场焊接组装成太阳能集热器支架。

循环工质：采用防冻型（乙二醇溶液）工质循环集热，以吸收太阳辐射的能源，将水箱内的水加热至 $55℃$，

贮热水箱：每户配置 200L 贮热水箱 1 个。系统集热循环水泵为威乐 RS-15/6 屏蔽热水型水泵。集热循环管路选用紫铜管，保温层选用 15mm 厚橡塑保温管，外套铝箔保护

层。管路附件含有连接件、各种管路阀门、过滤器、膨胀罐、压力表等，冷水供水管路选用热镀锌管。

9.3 设备选型

9.3.1 平板型太阳能集热器

平板型集热器是太阳能热水系统的重要组件，具有热效率高、承压运行、易于安装、易于和建筑物结合的特点。

（1）平板型太阳能集热器盖板采用高透光布纹低铁钢化玻璃，透光率高达 91%，抗击打能力强，能过很好的抗冰雹及其他外力。

（2）边框采用电泳铝合金型材框架，美观大方、防盐雾、酸雾设计，经久耐用。

（3）吸热板芯采用德国进口超声波焊接工艺，板芯与铜质导管实现无介质焊接，集流管与支管直接焊无过渡接头，无热阻，传导快，热传导效率达到 98% 以上。吸热涂层采用磁控溅射选择性吸收涂层，吸收率 > 95%，发射率 < 5%，表层附着力好，耐腐蚀，寿命长，热效率。

（4）采用独有导热介质，低温启动、气液循环、快速导热、-35℃ 不结冰。有阳光就有温度。导热系统实现自然循环，避免机械噪声与故障。

（5）采用保温性能极佳的高效保温材料——酚醛泡沫，其有出色的保温隔热性能，导热系数 < 0.03W/(m·K)，酚醛泡沫有较高的工作温度，能在 -200~160℃（允许瞬时 250℃）温度下长期工作，无收缩。酚醛泡沫具有不燃性，酚醛泡沫抗火焰能力可达 1h 以上不被穿透，且无烟，无有害气体散发。

9.3.2 贮热水箱

贮热水箱具体参数如表 9-1 所示。

贮热水箱技术参数

表 9-1

项　　目	技　术　参　数
承压能力	0.7MPa
水箱容积	200L
内胆	碳钢搪瓷
防漏电保护	漏电电流如达到 0.01A，独特设计的漏电保护器即可在 0.1s 内自动切断电源
超温保护	当水温异常升高时，双极温度保护开关会自动同时切断火线和零线，彻底停止加热
防干烧保护	即使断水断电，特有的防干烧加热棒也不会被烧坏，使用寿命更长
防倒流保护	采用单向止回阀，即使停水，内胆里的水也不会倒流

9.4　项目图纸

9.4.1　系统原理图（见图 9-2）

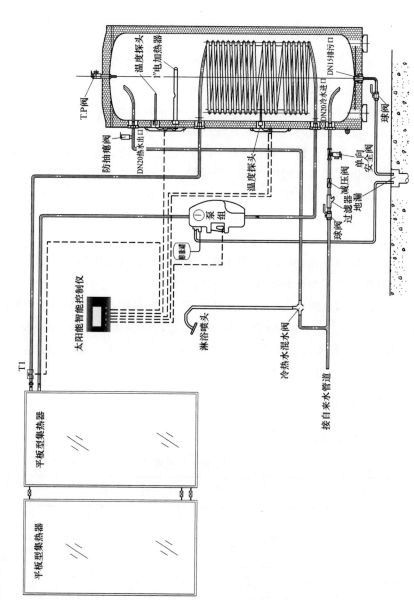

图 9-2　系统原理图

9.4.2 集热器平面布置图 (见图 9-3)

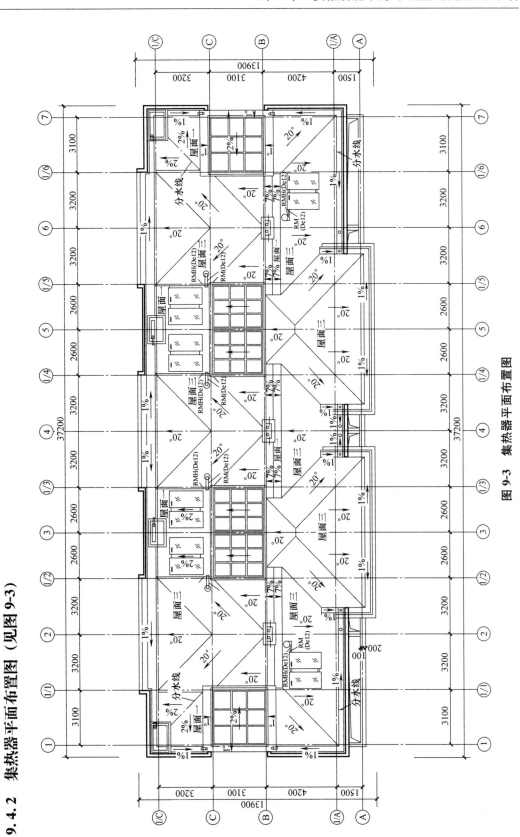

图 9-3 集热器平面布置图

9.4.3　与建筑结合节点图（见图9-4）

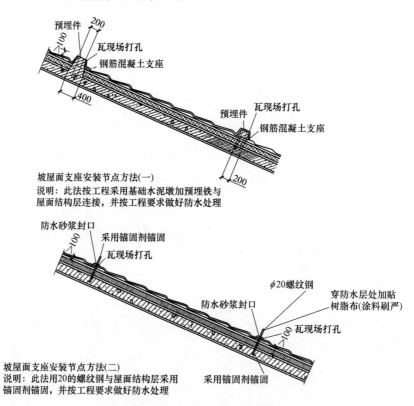

坡屋面支座安装节点方法(一)
说明：此法按工程采用基础水泥墩加预埋铁与
屋面结构层连接，并按工程要求做好防水处理

坡屋面支座安装节点方法(二)
说明：此法用20的螺纹钢与屋面结构层采用
锚固剂锚固，并按工程要求做好防水处理

图 9-4　与建筑结合节点图

9.4.4　水箱间布置图（见图9-5）

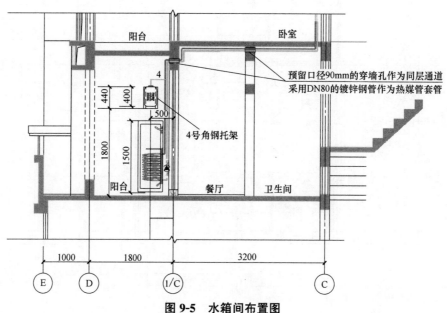

图 9-5　水箱间布置图

第 10 章　浙江宁波东方丽都太阳能热水系统

10.1　系统概况

10.1.1　建筑概况

宁波东方丽都小区位于浙江省宁波市鄞州区下应大道和妙胜村红绿灯交界处,为新建住宅建筑,总建筑面积401493m²(见图10-1)。

图10-1　浙江宁波东方丽都小区

10.1.2　系统形式

太阳能集热系统采用集中集热-分散供热系统,于2014年由北京四季沐歌太阳能技术集团有限公司完成设计安装。

8～23号住宅楼每单元设置一套系统,太阳能集热器设置于屋面上,集热器非承压,采用全玻璃真空管集热器;屋顶设置缓冲贮热水箱,每户设置100L的独立供热水箱。

10.1.3　系统主要特点

用户使用各自水箱里的热水及辅助能源,不存在收费问题;运行过程中,不存在收费管理问题。

系统不受楼层高低限制，并可以实现太阳能热能资源共享；运行可靠，上楼维修率低，楼面太阳能可由物业负责维护管理；集热系统集中放置在屋面位置，用户贮水箱放置在用户室内方便的位置。

10.2 系统设计

10.2.1 设计参数

10.2.1.1 气象参数

根据《太阳能集中热水系统选用与安装》06SS128 附录一中的主要城市各月设计用气象参数表，选用宁波的临近城市——慈溪作为参照依据，选取各气象参数。

年太阳辐照量：水平面 4651.00MJ/m^2；

年日照时数：2003.5h；

年平均温度：16.2℃；

年平均日太阳辐照量：水平面 12.74MJ/m^2。

10.2.1.2 热水设计参数

最高日热水用水定额：40～80/(人·d)；

平均日热水用水定额：20～60L/(人·d)；

设计热水温度：60℃；

冷水设计温度：15℃。

10.2.1.3 常规能源费用

电价格：0.52 元/kWh。

10.2.1.4 太阳集热器类型及尺寸

集热器类型：全玻璃真空管集热器（竖插）；

集热器尺寸：58—1800—25 与 58—1800—30 两种。

10.2.2 热水系统负荷计算

因系统是以每栋楼为独立的一套系统，此处以 10 号住宅楼为例进行计算如下表，用户数为 24 户，每户以 3.5 人计，总用水人数按 84 人考虑。

系统设计日用热水量(L/d)	6720
系统平均日用热水量(L/d)	3360
设计小时耗热量(kJ/h)	253229.76
热水循环流量(L/h)	67.2
供水管道设计秒流量(L/s)	1.28

10.2.3　太阳能集热系统设计

10.2.3.1　太阳能集热器的定位

太阳能集热器与建筑同方位，朝向正南；与屋面成 30°倾角摆放。该工程集热器前后间距为 1.6m。单组太阳能集热器的集热面积为 4.3m²，同时考虑实际情况，每单元设计采用四季沐歌牌集热器（横插 58—1800—25）16 组，总的集热面积为 68.8m²。

10.2.3.2　防冻防过热措施

该系统设置有循环管路循环防冻功能。

10.2.3.3　建筑防风设计

太阳能集热器安装固定需制作基础，太阳能集热器基础制作需根据现场情况定，安装太阳能集热器后，应能抗 10 级风载荷。

10.2.3.4　建筑防雷设计

（1）严格按现场的结构设置规范的防雷装置，严格按焊接工艺标准焊接，焊接处要牢固；

（2）避雷采用国标，采用标准的避雷带；

（3）各种焊缝搭接须达到行业标准，计算好避雷范围，使热能设备在避雷范围内。容积式水换热器、太阳能集热器支架等，单独设避雷带、线，且与建筑物的避雷系统相连，架空、埋地等金属管道在进入建筑物处，应与楼房的防雷电感应的接地装置连接。

10.2.3.5　控制系统设计（见图 10-2）

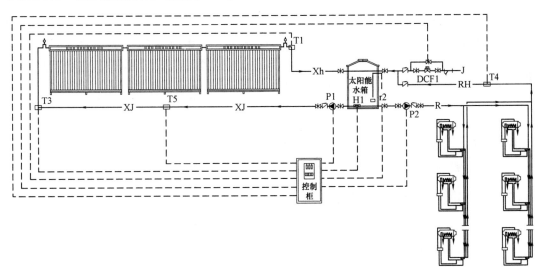

图 10-2　控制系统原理图

该控制系统具有以下功能：温差循环、防溢流、缺水自动补水、防雷击、防漏电功能。具体原理如下（数值仅供参考，具体可以根据使用情况定）：

（1）控制要求

1）集热温差循环：当集热器温度 T1 与集热水箱中的水温 T2 温差大于或等于"W01"时，集热循环泵 P1 启动，将集热器中热水打进集热水箱中，当两者温差小于或等于"W02"时，循环泵 P1 停止。

2）集热管路防冻循环：当集热器温度 T1 或 T3 小于"W03"（可调）时，水泵 P1 启动，进行循环防冻；当集热器温度 T1 和 T3 都大于"W04"时，延时"T01"后防冻循环停止。以防止循环管路冻堵（冬季使用）。

3）高温保护功能：当集热器温度 T1 大于 95℃时，P1 不启动；当 T1 小于 90℃时，恢复启动 P1。

4）自动上水：定水位补水：当集热水箱的水位低于"S01"（水位可设置），打开 DCF1 补水至水箱水位达到"S01"（水位可设置），停止补水。

5）防冻电热带功能：当温度 T5 小于"W05"时，防冻电热带启动；当温度 T5 大于"W06"时，防冻电热带停止。

6）集热水箱电加热控制：当水箱温度 T2 小于"W07"时，辅助电加热自动启动，至水箱温度 T2 大于"W08"时，电加热停止，防止水箱冻坏。

7）低水位保护：当水位为 0 格时，H1、P1 不启动。

8）停电保持：停电时，控制器内置电池可以维持系统时钟继续运行，可以连续运行 1a 以上，系统运行参数可以永久保存。

9）故障报警：将可能发生的故障显示在屏幕上，便于故障确认及维修。

（2）分户水箱定温换热

当太阳能缓冲水箱中的温度 T2 大于或等于"W09"时（30～80℃可调），循环泵 P2 启动，使太阳能缓冲水箱中的热水与室内换热水箱通过换热装置进行热能交换，当缓冲贮热水箱温度 T2 小于或等于"W10"时，循环泵 P2 停止循环。

（3）用户室内控制

1）在循环泵 P2 进行热交换循环时，当户内盘管水箱中的温度 Ta 与主循环管路上的温度 Ta+1 相差 5℃（可调）时，分户管路上的换热电磁阀打开，将分户换热水箱并入到主循环系统，进行换热循环；当二者温差小于或等于 2℃时，换热电磁阀关闭，将分户换热水箱退出主循环系统。

2）辅助加热：分户水箱经过换热后仍达不到洗浴温度，系统则启动分户水箱内电加热进行加热，当分户水箱温度达到设定温度时停止加热。

3）当水箱辅助电加热启动时，电磁阀关闭。

10.2.4　与建筑结合的节点设计（见图 10-3 和图 10-4）

10.3　设备选型

10.3.1　集热器

该工程（以 10 号住宅楼一个单元为例）选用四季沐歌牌真空管型太阳能集热器（竖插 58—1800—25）。单块集热面积为 4.3m²，共 16 块，可以保证系统所需用热水量。

10.3.2　贮热水箱

屋顶设置缓冲贮热水箱，每户设置独立的 100L 供热水箱。

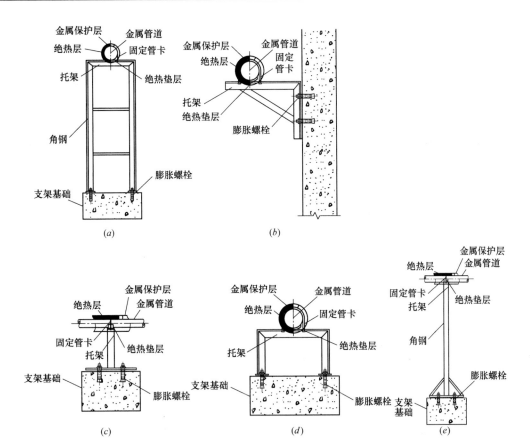

图 10-3　安装节点图

(a) Ⅱ型钢支架管道固定（一）；(b) 墙体管道固定；(c) Ⅰ型钢支架管道固定（一）；
(d) Ⅰ型钢支架管道固定（二）；(e) Ⅱ型钢支架管道固定（二）

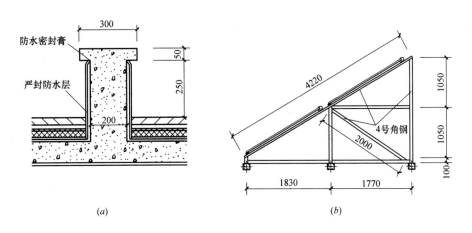

图 10-4　集热器安装图

(a) 平屋面集热器支座详图；(b) 集热器支架示意图

注：基础支座配筋要求参照设计联系单

10.4　项目图纸

集热器平面布置图如图 10-5 和图 10-6 所示。

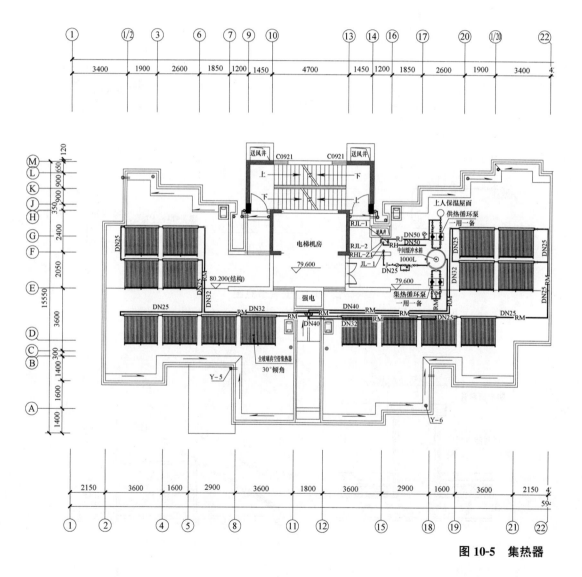

图 10-5　集热器

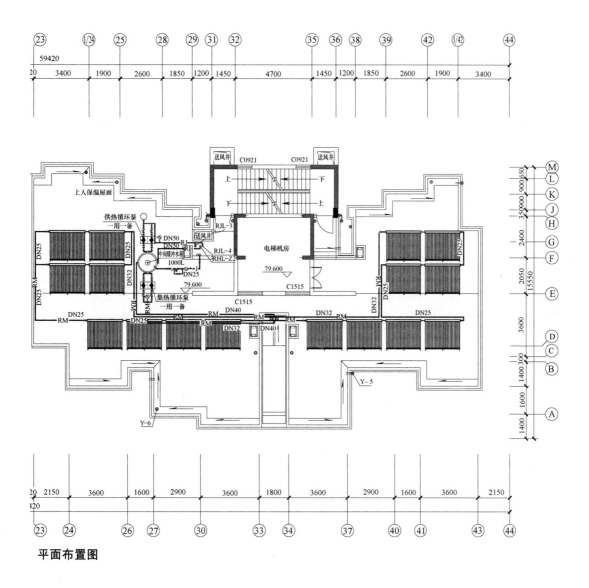

平面布置图

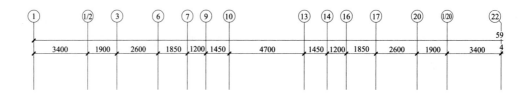

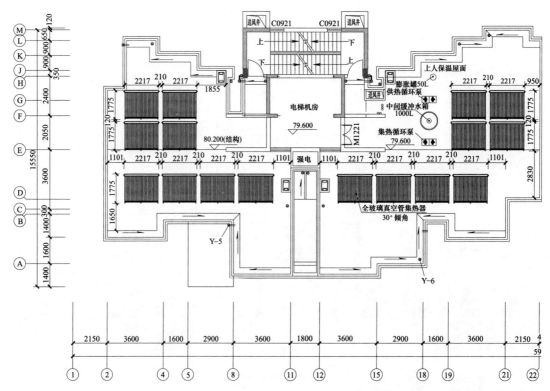

图 10-6　集热器管路

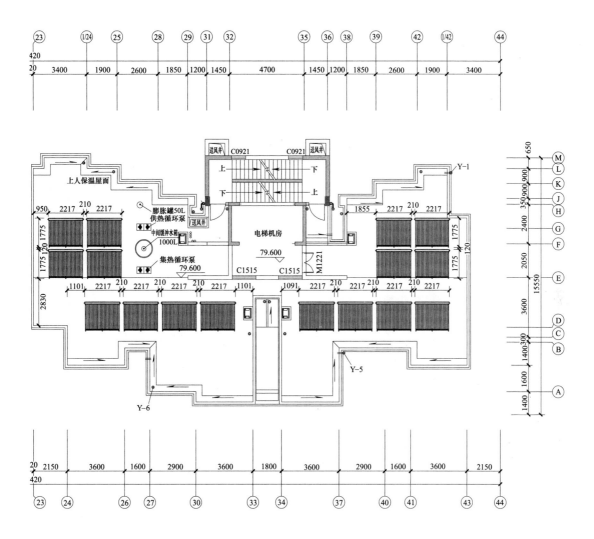

连接平面布置图

第11章 北京永顺镇居住项目住宅楼
太阳能热水系统

11.1 系统概况

11.1.1 建筑概况

北京永顺镇居住项目一期 D5 号楼为新建住宅建筑，位于北京市通州区永顺镇，结构为剪力墙结构，屋面为平屋面，地下 2 层、地上 18 层的住宅楼，建筑总高 52.2m，共 3 个单元，每单元 72 户，总户数为 216 户。

11.1.2 系统形式

该项目采用太阳能集中集热-分散供热的供热方式，由北京海林节能科技股份有限公司完成设计安装；太阳能集热器安装在屋面上，安装角度 10°；每户贮热、热交换保温供热水箱放置在阳台或厨房内。水箱容量为 80L；辅助热源为水箱内置电加热。

11.1.3 系统特点

(1) 集中集热-分散供热，避免了分户计量、热水取费的麻烦。
(2) 智能化管理，分户控制。
(3) 用水为闭式承压系统，沐浴舒适，保证用水卫生、安全。

11.2 系统设计

11.2.1 设计参数

(1) 气象参数
年太阳辐照量：水平面 5570.481MJ/m²，倾斜面 6281.993MJ/m²；
年日照时数：2755.5h；
年平均温度：11.5℃；
年平均日太阳辐照量：水平面 15.252MJ/m²，集热器倾斜面 16.15MJ/m²。
(2) 热水设计参数
最高日热水用水定额：50L/(人·d)；
平均日热水用水定额：30L/(人·d)；
设计热水温度：60℃；

冷水设计温度：10℃。

(3) 常规能源费用

电价格：0.488 元/kWh。

(4) 太阳集热器类型及尺寸

集热器类型：平板型太阳能集热器；

集热器尺寸：2000mm×1000mm×80mm。

11.2.2　热水系统负荷计算

因系统是以每个单元为独立的一套系统，故此处以一个单元为例，每单元用户数为 72 户，每户以 2.8 人计，总用水人数按 201.6 人考虑，计算如下表所示。

系统设计日用热水量(L/d)	10080
系统平均日用热水量(L/d)	6048
设计小时耗热量(kJ/h)	442468.3
热水循环流量(L/h)	1009

11.2.3　太阳能集热系统设计

11.2.3.1　太阳能集热器

太阳能集热器与建筑同方位，朝向正南；与屋面成 10°倾角摆放。集热器的规格为一块 2m²，每单元需要 48 块集热器，集热器面积为 96m²（见图 11-1）。

图 11-1　屋顶集热系统实景图

11.2.3.2　防冻防过热措施

（1）防冻

该系统采用防冻液介质进行防冻。

（2）过热防护

该项目利用膨胀罐吸收集热系统过热时的膨胀量。根据计算结果，选用的膨胀罐容积为 150L。

11.2.3.3　控制系统设计

（1）系统补水功能：太阳能集热系统根据缓冲贮热水箱水位控制自动上水。电磁阀开启，达到设定水位时，自动锁闭系统上水功能，防止系统溢水。

（2）温差集热循环：太阳能集热系统通过温差跟踪循环控制方式保证系统自动高效、最大化采集太阳能量。集热器出口温度 T2 大于缓冲水箱水温 T1 达到 5～10℃时，循环泵 P1\P2 启动，通过介质换热将集热器吸收的热量与水箱内的水进行热交换，逐步将水箱内的水加热，T2 与 T1 差值达到 4℃时，循环泵 P1 \ P2 停止循环。

（3）供热循环控制：当缓冲水箱的温度达到 60℃（可调）时，供热循环泵启动，至水箱温度达到 50℃（可调）时停止。

（4）系统报警：当系统出现异常时，控制器断续式音响（蜂鸣器）1min，报警位 LED 闪动，并显示报警位数据。

（5）辅助加热（户内）：按"定时加热"键，启动定时加热功能。当不在设定时间范围内时，定时设定显示灯做闪动状态提示；当在所设定时间范围内时，定时设定显示灯做常亮状态提示。定时加热状态就是在所设定的时间范围内执行自动加热，与"自动加热"功能完全相同。此功能至"定时加热"键第二次按下或自动加热启动，定时加热状态解除。

按"自动加热"键后辅助加热启动，自动加热灯亮，检查水箱水温是否到达设定值，如果未到，启动辅助加热；当水箱水温大于或等于设定值时，辅助加热将自动转为保温状态；此功能至"自动加热"键第二次按下解除自动加热状态。

上述功能由系统智能控制柜自动完成，无须人工干预，其中的参数值可根据季节不同或用户要求不同而修改设定。

11.2.4　与建筑结合的节点设计（见图 11-2）

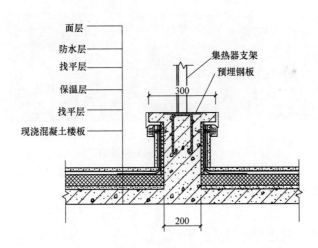

图 11-2　集热器支架与预留的钢板可靠连接

11.3　设备选型

11.3.1　集热系统循环泵

该系统选用太阳能集热循环泵型号为：MHI 402，参数为：$Q=3.5t/h$，$H=14m$，$N=370W$。

11.3.2　换热循环泵

该系统选用热水系统循环泵型号为：MHI 404，参数为：$Q=3.5t/h$，$H=21m$，$N=550W$。

11.3.3　板式换热器

该系统选用板式换热器的换热面积为 $6m^2$，进出口接管均为 $DN40$。

11.4　项目图纸

11.4.1　与建筑结合节点图（见图 11-3）

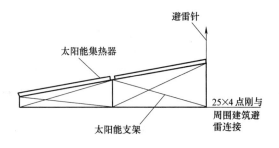

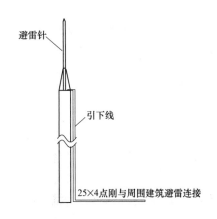

图 11-3　与建筑结合节点图

11.4.2　控制系统原理图（见图 11-4）

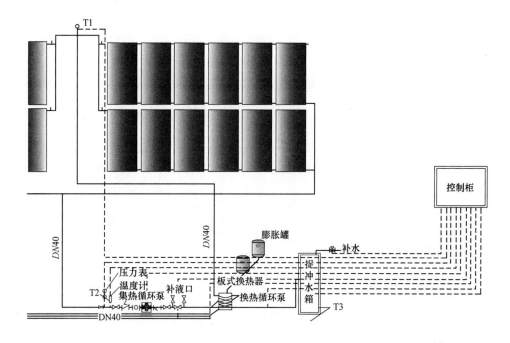

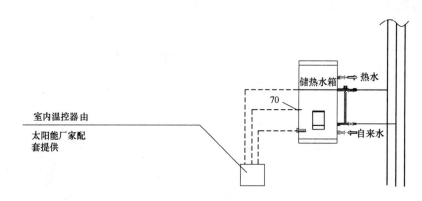

图 11-4　控制系统原理图

11.5　系统实际使用效果检测

2015 年 8 月 2 日、8 月 7~10 日、8 月 12 日，国家太阳能热水器质量监督检验中心（北京）对该系统进行了测试，测试期间室外空气平均温度为 28.3~28.6℃，贮热水箱容水量为 9.92m³，热损因数测试结果为 10.4W/(m³·K)。具体检测结果见表 11-1。

检测结果　　　　　　　　　　　　　　　　　　　　表 11-1

序号	环境温度（℃）	太阳辐照量（MJ/m²）	平均每户系统得热量(MJ)	系统常规热源耗能量(MJ)	集热系统效率(%)	太阳能保证率(%)
1	28.3	7.29	273.2	691.5	39.0	28.3

续表

序号	环境温度 （℃）	太阳辐照量 （MJ/m²）	平均每户系统 得热量（MJ）	系统常规热源 耗能量（MJ）	集热系统 效率（%）	太阳能保 证率（%）
2	28.5	11.14	427.1	537.6	39.9	44.3
3	28.6	16.81	796.4	168.3	49.4	82.6
4	28.5	20.45	953.5	11.2	48.6	98.8

11.6　系统节能环保效益分析

根据国家标准《可再生能源建筑应用工程评价标准》GB/T 50801 的规定，结合测试数据得出该项目的节能环保效益如表 11-2 所示。

节能环保效益 表 11-2

项　　目		单　位	数　值
全年保证率		%	68.6
集热系统效率		%	44.7
全年常规能源替代量		tce/a	411.2
环保效果	CO_2 减排量	t/a	1015.7
	SO_2 减排量	t/a	8.22
	粉尘减排量	t/a	4.11
系统费效比		元/kWh	0.09
年节约费用		元	1663755
静态投资回收期		a	2.6

第12章 安徽芜湖中央城 Cb 号楼太阳能热水系统

12.1 系统概况

12.1.1 建筑概况

安徽芜湖中央城是安徽安兴杰成房地产开发有限公司开发的新建住宅建筑，位于芜湖市弋江区，建筑为小高层住宅公寓楼，共 11 层，共计 126 户，每户建筑面积为 40～50m² (见图 12-1)。

12.1.2 系统形式

该系统为集中集热-分散供热太阳能系统，由芜湖贝斯特新能源开发有限公司完成设计安装。系统由集热部分、贮热部分、控制部分、执行部分及循环管路部分组成。

采用全玻璃真空集热管太阳能集热器阵列组合强制集热循环。热水系统集热部分非承压运行，集热系统采用温差循环，热媒水由集热循环泵加压后流入缓冲保温贮热水箱内。当缓冲保温水箱内的热媒水温达到设定的上限温度时，智能控制器启动供热循环泵，供热循环泵将缓冲保温水箱内的热媒水压入供热循环管路系统，通过各户贮热水箱内换热器将自来水加热。当缓冲保温水箱内的热媒水温达到设定的温度下限时，供热循环泵停止运行。

图 12-1 建筑外观图

12.1.3　系统特点

该项目采用集中集热-分散供热的方式，住户只取热不取水，电辅助加热设置在各户内，不存在水费和电费收取困难的问题。系统循环运行产生的少量电费在物业管理费中分摊。

系统与建筑物完美结合，集热器敷设在建筑物楼顶上，预先预埋集热器基础，集热器支架采用 4 号热镀锌角钢整体焊接，抗风能力强。采用 12 号镀锌圆钢将支架与建筑物避雷带连接，系统设计寿命可达 15a。

12.2　系统设计

12.2.1　设计参数

12.2.1.1　气象参数

年太阳辐照量：水平面 4200～5400MJ/m^2；

年日照时数：1800～2000h；

年平均温度：13℃。

12.2.1.2　热水设计参数

平均日热水用水定额：40L /（人・d）；

设计热水温度：55℃；

冷水设计温度：15℃。

12.2.1.3　常规能源费用

电价格：0.47 元/kWh（居民用电价格）。

12.2.1.4　太阳集热器类型及尺寸

集热器类型：全玻璃真空管型太阳能集热器；

单块集热器规格：$\phi58 \times 1800mm \times 50$ 支。

12.2.2　热水系统负荷计算

热水系统负荷计算结果如下表，总住户 126 户，每户以 3 人计，总用水人数按 378 人考虑。

系统设计日用热水量(L/d)	30240
系统平均日用热水量(L/d)	15120
设计小时耗热量(kJ/h)	1012919
热水循环流量(L/h)	2419
供水管道设计秒流量(L/s)	—

12.2.3　太阳能集热系统设计

采用全玻璃真空管型太阳能集热器，集热器总面积为 248m^2。

贮热水箱：系统设置 600L 缓冲贮热水箱，每户在淋浴室内配置 120L 供热水箱一个。

与建筑结合的节点设计如图 12-2 所示。

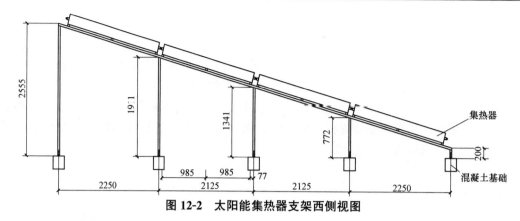

图 12-2　太阳能集热器支架西侧视图

12.3　设备选型

12.3.1　太阳能集热器

太阳能集热器选择 BEST58-1800-50 型集热器，共计 40 组，其外壳选用铝合金型材制作，集热器流道及连接管口均采用 SUS304/2B 食品级不锈钢材质，连接件均为不锈钢材质，其保温层选用聚氨酯整体发泡体，详细信息如表 12-1 所示。

集热器性能参数　　　　　　　　　　　　　　表 12-1

产品型号	BEST58-1800-50	产品型号	BEST58-1800-50
集热器件	φ58×1800mm×50 支	外壳材料	镀铝锌板
数量	50 支	保温材料	聚氨酯
采光面积	6.20m²	密封材料	硅橡胶密封圈
内胆材料	不锈钢		

12.3.2　贮热水箱

每户配置 1 台 120L 搪瓷水箱，水箱外壳体选用彩涂板制作，其保温层选用聚氨酯整体发泡，厚度为 40mm，进出水管接口、温度传感器接口均选用不锈钢材质。

为保证阴、雨、雾、雪天气各用户可使用热水，贮热水箱内设置电辅助加热器，并且配置微电脑智能控制器，智能控制器实时数码显示水箱温度，为充分节约用电，电辅助加热器受温度与时间两个参数控制，在规定的时间段内当水箱水温低于设定数值时，电辅助加热器自动启动，水温达到设定的温度上限值时，自动停止加热。储热水箱配有漏电保护安全装置。

12.3.3　循环泵、管路及保温

选用 2 台威乐 PH-401E 作为集热循环泵（一用一备），选用 2 台威乐 PH-401E 作为供热循环泵（一用一备）。

集热循环管路选用国标热镀锌管，供热循环管路选用国标热镀锌衬塑管，保温层选用 30mm 厚橡塑保温管，外套 0.3mm 厚铝板保护层。

12.4　项目图纸

12.4.1　系统原理图（见图 12-3）

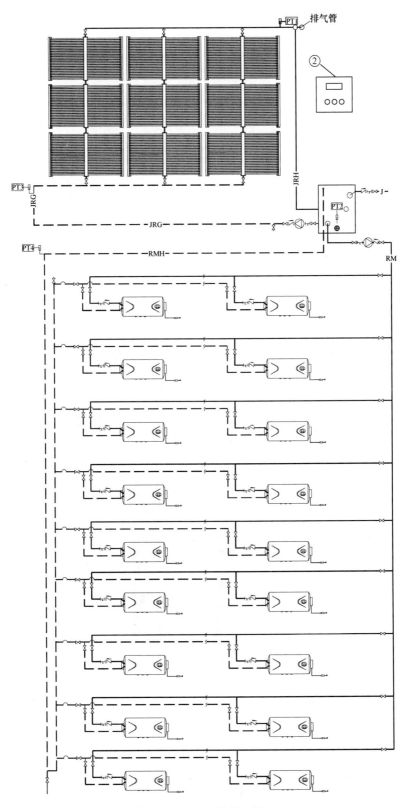

图 12-3 系统原理图

12. 4. 2　集热器平面布置图（见图 12-4）

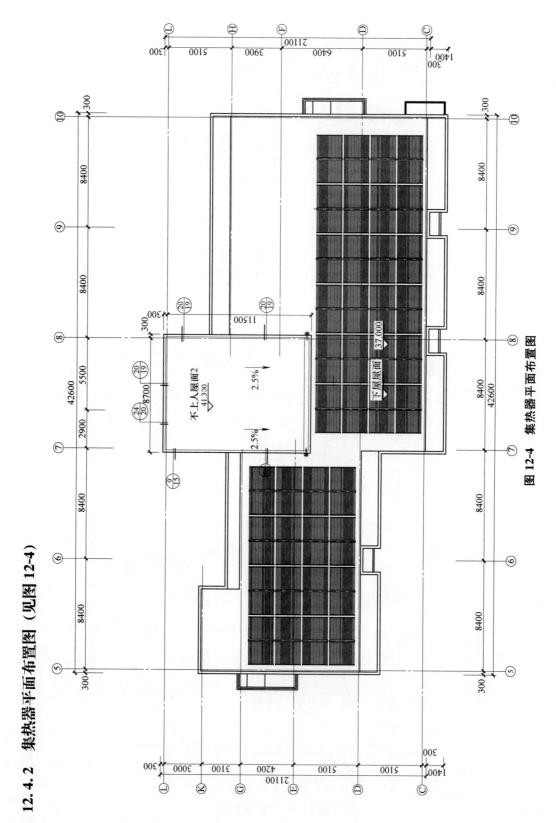

图 12-4　集热器平面布置图

第13章 北京金融街融汇太阳能热水系统

13.1 系统概况

13.1.1 建筑概况

该项目位于北京市大兴区天宫院地铁旁,为新建居住建筑,屋面为平屋面,总建筑面积为288300m²;共计15栋楼,总户数为3120户,建筑高度为65m,南向楼间距为60m。

13.1.2 系统形式

采用集中集热-分散供热系统,辅助能源类型为电热水器,循环方式为集中循环,于2014年由天普新能源科技有限公司完成设计安装。

太阳能热水直接式集中供水系统,全日24h供应热水,太阳能集热器和集中贮热水箱安装在平屋面上,供热水箱(内置盘管)和电热水器分户安装。辅助热源为分户电热水器。

13.1.3 系统特点

(1)集热系统自然循环——节能环保、降低运行费用

采用自然循环、供水采用自来水顶水出水。充分利用给水系统的压力。整个系统仅设置两台一备一用的水泵,用于用户管道水保温使用,水泵启停量很小。集热系统循环管路上进上出,减少了集热系统管材安装数量,同时伴热带安装量也减少,降低了系统的能耗。

(2)分离式顶水出水——活水保鲜保压

内置盘管将集热与供热分离,避免集热循环对水质的污染。贮热水箱内置盘管,自来水进入贮热水箱内的盘管预热之后供给用户,盘管内存水量极少,自来水顶水出水,用水更加舒适安全。

(3)供热水初始端混水,用水末端辅助加热——全天候恒温供水

系统设计出水端的供水点混水调温,防止出水高温烫伤情况。辅助热源设置在用户处,为经设计人员计算合理的小容积电热水器,最大限度降低热损失。当出水温度过高时,出水端混水阀混水降温;当分户供热水箱水温低于用户需要温度时,开启电辅助热源。该设计有效地改善了用水忽冷忽热、缺水的情况,并达到了高效节水、产水的作用。

(4)谁用热谁付费的分户计量措施——公平合理解决收费问题

系统计量收费解决方法为"谁使用谁买单"。系统共用部分基本没有能耗,业主也可以根据自己的需求关闭热水回水循环泵,能耗全部在用户端,用水量由入户水表统计,耗电量就是每家每户的电加热用电量。

（5）防炸管集热器——低故障率

集热器采用天普公司自主研发的防炸管全玻璃真空管集热器，热水在进入集热器前提前预热，避免了冷热温差骤变引起的炸管现象。此外，由于系统设计简单，设备少，控制点少，所以故障率也低，有效延长了系统的使用寿命。

（6）建筑一体化设计——合理安全美观

该项目太阳能热水系统设计方案与建筑方案同步进行，土建配合水、电，预留经济合理安全，避雷、防风措施与建筑一体化设计，安全可靠。确保太阳能系统与建筑背景融合，整体达到美观、安全的效果。

（7）模块化设备——安装便捷

该系统中采用天普研发的工程版易生活模块，成套集热场组件，根据现场条件设计好安装角度后，自由组合，样板式安装，更加简单便捷，极大程度地提高了安装效率（见图 13-1）。

图 13-1　集热器与水箱的安装位置

13.2　系统设计

13.2.1　设计参数

13.2.1.1　气象参数

年太阳辐照量：水平面 5570.481MJ/m^2，40°倾角表面 6281.993MJ/m^2；

年日照时数：2755.5h；

年平均温度：11.5℃；

年平均日太阳辐照量：水平面 15.252MJ/m^2，40°倾角表面 17.217MJ/m^2。

13.2.1.2　热水设计参数

最高日热水用水定额：60L/(人·d)；

平均日热水用水定额：30L/(人·d)；

设计热水温度：60℃；

冷水设计温度：10℃。

13.2.1.3 常规能源费用

电价格：0.47 元/kWh（居民用电价格）。

13.2.1.4 太阳集热器类型及尺寸

集热器类型：全玻璃真空管集热器；

集热器尺寸：3310mm×2080mm。

13.2.2 热水系统负荷计算

太阳能热水系统是以每栋楼为独立的一套系统，在此以一栋楼为例，计算结果如下，用户数为 208 户，每户以 2.5 人计，总用水人数按 520 人考虑。

系统设计日用热水量(L/d)	31200
系统平均日用热水量(L/d)	15600
设计小时耗热量(kJ/h)	1306344
热水循环流量(L/h)	3120
供水管道设计秒流量(L/s)	4.08

13.2.3 太阳能集热系统设计

13.2.3.1 太阳能集热器的定位

太阳能集热器与建筑同方位，朝向正南；与屋面成 12°倾角摆放。集热器的规格为一块 6.6m^2，共需要 23 块集热器，集热器总面积为 139.2m^2。

13.2.3.2 防冻防过热措施

（1）防冻

本系统中循环管道采用伴热带防冻。

（2）过热防护

系统设计有防过热系统，当流过盘管换热后的水温过热时，则通过恒温阀将冷热水混合后，达到设定温度 50℃（可调），供入每户的电热水器中，防止温度过高烫伤。

13.2.3.3 建筑日照设计、防风、防雷设计

防垢措施：采用冷水防垢阻垢器装置，不会有水垢产生。

防雷措施：防雷引下线采用 φ12 的镀锌圆钢，把太阳能支架和屋面避雷网做可靠连接。

防风措施：每年对防风设施进行全面的安全检查。

系统寿命：太阳能集热器使用寿命 15a，贮水箱使用寿命 15a，电气设备使用寿命 8a。

13.2.3.4 控制系统设计

（1）循环运行控制

集热系统采用自然循环。

（2）太阳能补水控制

太阳能系统为闭式系统，贮热水箱中的水基本处于满水位，当水箱中的水被蒸发一部分，水位低于满水位时，冷水电磁阀启动，系统开始补水，直至水箱水满，冷水电磁阀停止补水。

（3）热水供水控制

水箱内置换热盘管，用户用热水时，冷水流过盘管，并通过盘管瞬间加热成热水，然后依靠自来水的压力供至用水终端。

（4）辅助加热控制

在阴雨天气和冬季大气气温较低时，太阳能集热器不能集热器充分吸收太阳能将热水加热，满足不了用户的要求，即水箱内的水温小于设定温度时，用户自家辅助能源自动启动，对通过盘管换热后进入用户电加热器中的水进行二次加热，当电加热器中的水温大于设定温度时，辅助能源停止运行，保证了热水供应需求稳定性，实现了太阳能最大化利用。

（5）热水回水控制

系统设计有回水系统，当热水回水管路温度低于设定温度 40℃（可调）时，热水回水泵及回水电磁阀自动开启，将回水管路中的水打回到水箱盘管进行换热，使回水管路中的水温达到设定温度 45℃（可调）时，泵及电磁阀停止。实现系统的 24h 供热水功能。

（6）防高温控制

系统设计有防过热系统，当流过盘管换热后的水温过热时，则通过恒温阀将冷热水混合后，达到设定温度 45℃（可调），供入户家电热水器中，防止温度过高烫伤。

（7）防冻控制

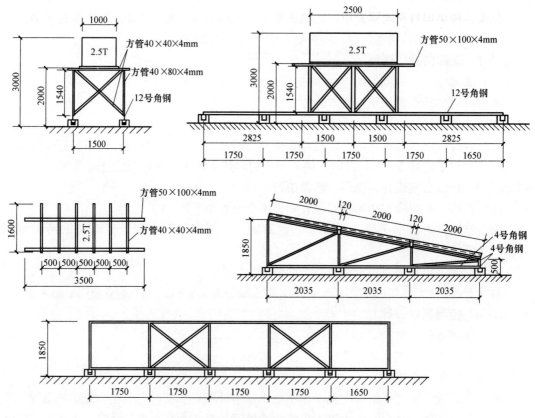

图 13-2　与建筑结合的节点设计

当室外管路部分温度低于 5℃（可调）时，电伴热带启动，达到 5℃（可调）时停止。保证管路不被冻死，系统正常运行。

13.2.4　与建筑结合的节点设计

该项目在设计过程中与建筑各专业配合，对设备基础墩、支架预埋、避雷连接、管道预留等工作与设计人员进行了良好的配合，将太阳能集热器的设计纳入小区的总体设计，建筑设计、景观设计和太阳能系统设计融为一体（见图 13-2）。

13.3　设备选型

13.3.1　贮热水箱

屋顶贮热水箱的有效容积 $V_r=0.065A_c=9m^3$。

13.3.2　集热系统循环泵

集热系统采用自然循环，无需设置集热循环泵。

13.3.3　热水回水系统循环泵

热水系统采用自来水顶水出水，设置热水回水循环水泵，在用户管道温度低于设定值时启动。循环流量为 6t/h，水泵扬程考虑循环水量通过配水管和回水管的水头损失，扬程为 $H=7.8mH_2O$。

13.4　项目图纸

13.4.1　系统原理图（见图 13-3）

13.4.2　集热器平面布置图（见图 13-5）

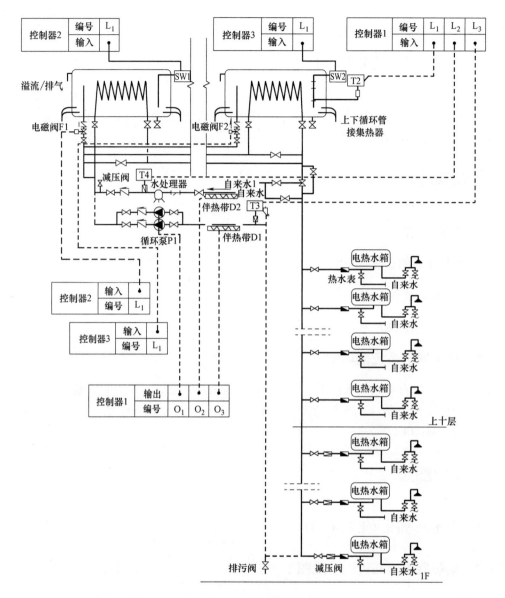

图 13-3　系统原理图

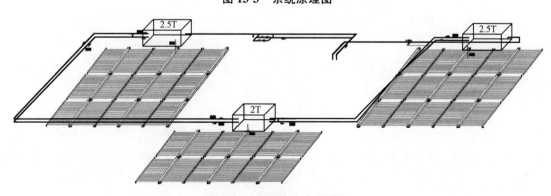

图 13-4　太阳能热水系统图

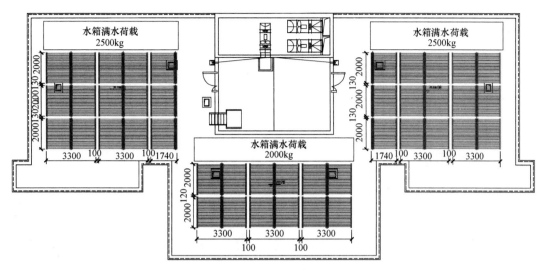

图 13-5　集热器布置图

第 14 章　北京万年基业太阳能热水系统

14.1　系统概况

14.1.1　建筑概况

北京万年基业小区为新建住宅建筑，该工程是在高层建筑平屋顶上预设钢结构，在钢结构上安装太阳能集热器进行集中集热，通过分户水箱储热的方式提供热水。工程建筑共 23 栋，1175 户，总建筑面积 10.15 万 m^2。该工程于 2013 年 4 月开工建设，2013 年 8 月完成集热器安装，2013 年 11 月完成系统全部安装，2014 年 6 月验收并交付使用。

14.1.2　系统形式

该系统是集中集热-分散供热的方式，于 2014 年 6 月由山东力诺瑞特新能源有限公司完成设计安装。集热器集中放置，每户设置供热水箱，供热水箱内置换热装置和电辅助加热装置，控制系统、循环装置及其他辅助设备放置在设备间或楼顶。集中放置的集热器接受太阳能辐照使热媒温度升高，系统控制装置控制系统循环装置启动，热媒在集热系统中设置的缓冲贮热水箱和多个贮热水箱内的换热装置之间循环，热媒通过换热装置与贮热水箱中的水进行换热交换，加热供热水箱中的水。热水采用顶水式供水，保证了冷热水供水的压力平衡，使用方便舒适。

14.1.3　系统特点

该项目最突出的特点是集热器安装在屋面上专为太阳能集热器设计的钢结构上，集热器固定支架的钢结构设计根据太阳能集热器的尺寸进行钢梁的间距设计，建筑设计与太阳能系统同步设计，前期与设计院配合设计屋面专用钢结构，承重荷载、预埋尺寸，颜色配置与太阳能集热器相匹配。钢结构支架通过事先预留在楼顶的预埋件实现与楼顶基础的连接，其中预埋件的长度设计要考虑墙体厚度、保温厚度、防水预埋部分承重能力等因素。

户内供热水箱的安装要求如下：

(1) 水箱建议靠近热媒管道井和用水端；

(2) 水箱安装位置应预留维修空间，电辅助加热侧预留 300mm；

(3) 水箱周围预留防水电源插座、冷热水接口；

(4) 贮热水箱采用后侧挂装，建筑需有足够强度的构筑物负担贮热水箱的运行荷载；

(5) 立式水箱采用落地安装；

(6) 水箱下方地面预留地漏，确保不堵。

14.2　系统设计

14.2.1　设计参数

14.2.1.1　气象参数

年太阳辐照量：水平面 5570.481MJ/m²，30°倾角表面 6281.993MJ/m²；

年日照时数：2755.5h；

年平均温度：11.5℃；

年平均日太阳辐照量：水平面 15.252MJ/m²，30°倾角表面 17MJ/m²。

14.2.1.2　热水设计参数

最高日热水用水定额：120L /（人·d）；

平均日热水用水定额：60L /（人·d）；

设计热水温度：60℃；

冷水设计温度：10℃。

14.2.1.3　常规能源费用

电价格：0.88 元/kWh。

14.2.1.4　太阳集热器类型及尺寸

集热器类型：联集管式太阳能热水器；

集热器型号：58-1830 型集热器。

14.2.2　热水系统负荷计算

因系统是以每栋楼为独立的一套系统，故此处以一栋楼为例，计算结果如下表，楼高为 15 层，用户数为 60 户，每户以 2.5 人计，总用水人数按 150 人考虑。

系统设计日用热水量(L/d)	18000
系统平均日用热水量(L/d)	9000
设计小时耗热量(kJ/h)	753660
热水循环流量(L/h)	1800
供水管道设计秒流量(L/s)	—

14.2.3　太阳能集热系统设计

太阳能集热器与建筑同方位，朝向正南；与屋面成 30°倾角摆放（见图 14-1）。

14.2.4　与建筑结合的节点设计

集热器固定支架的钢结构设计根据太阳能集热器的尺寸进行钢梁的间距设计，建筑设计与太阳能系统同步设计，前期与设计院配合设计屋面专用钢结构，确定承重荷载、预埋尺寸（见图 14-2），颜色配置与太阳能集热器相匹配。

图 14-1　屋顶太阳能集热器

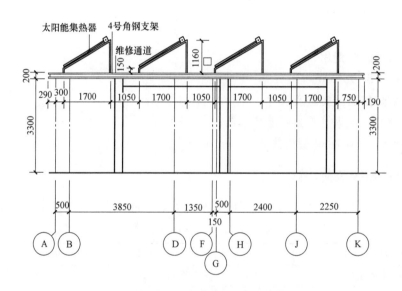

图 14-2　集热器安装侧视图

14.3　设备选型

14.3.1　贮热水箱

集中集热系统的缓冲贮热水箱，放置在设备间，水箱容积 500L；分户安装 120L 搪瓷供热水箱。

14.3.2　太阳能集热器

选用 58-1830 型集热器，集热器集中放置于屋面（见图 14-3）。

图 14-3 屋面的太阳能集热器

14.4 项目图纸

14.4.1 系统原理图（见图 14-4）

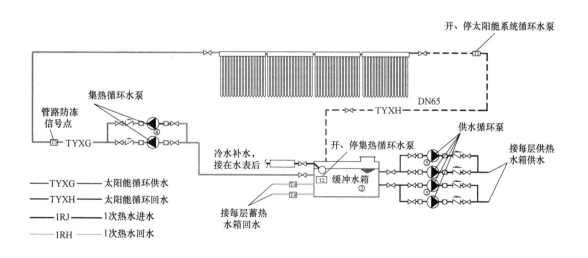

图 11-4 太阳能热水系统原理图

14.4.2　集热器平面布置图（见图 14-5 和图 14-6）

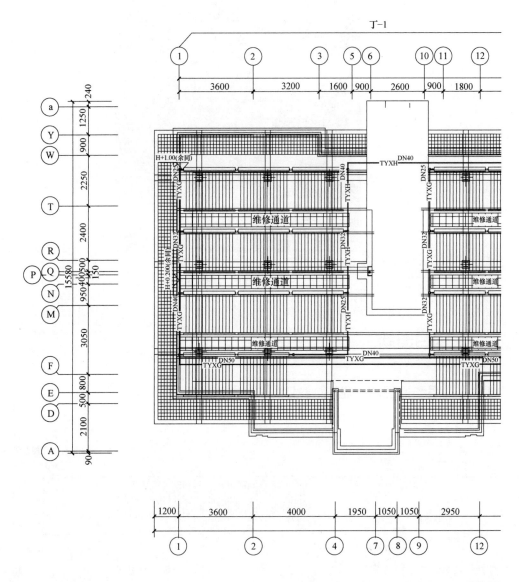

图 14-5　集热器

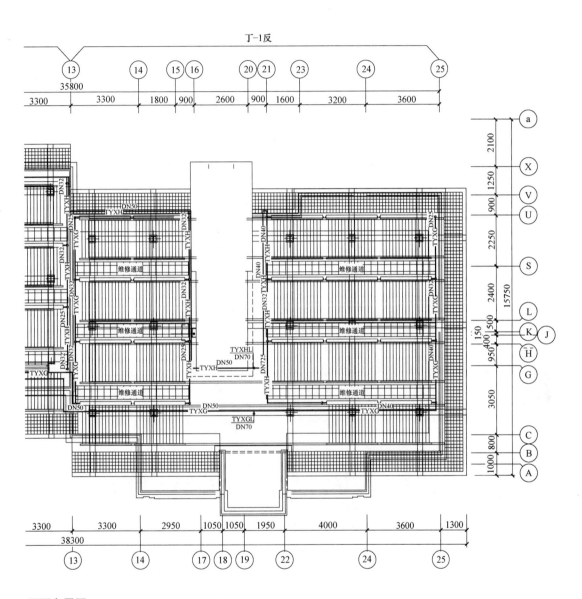

平面布置图

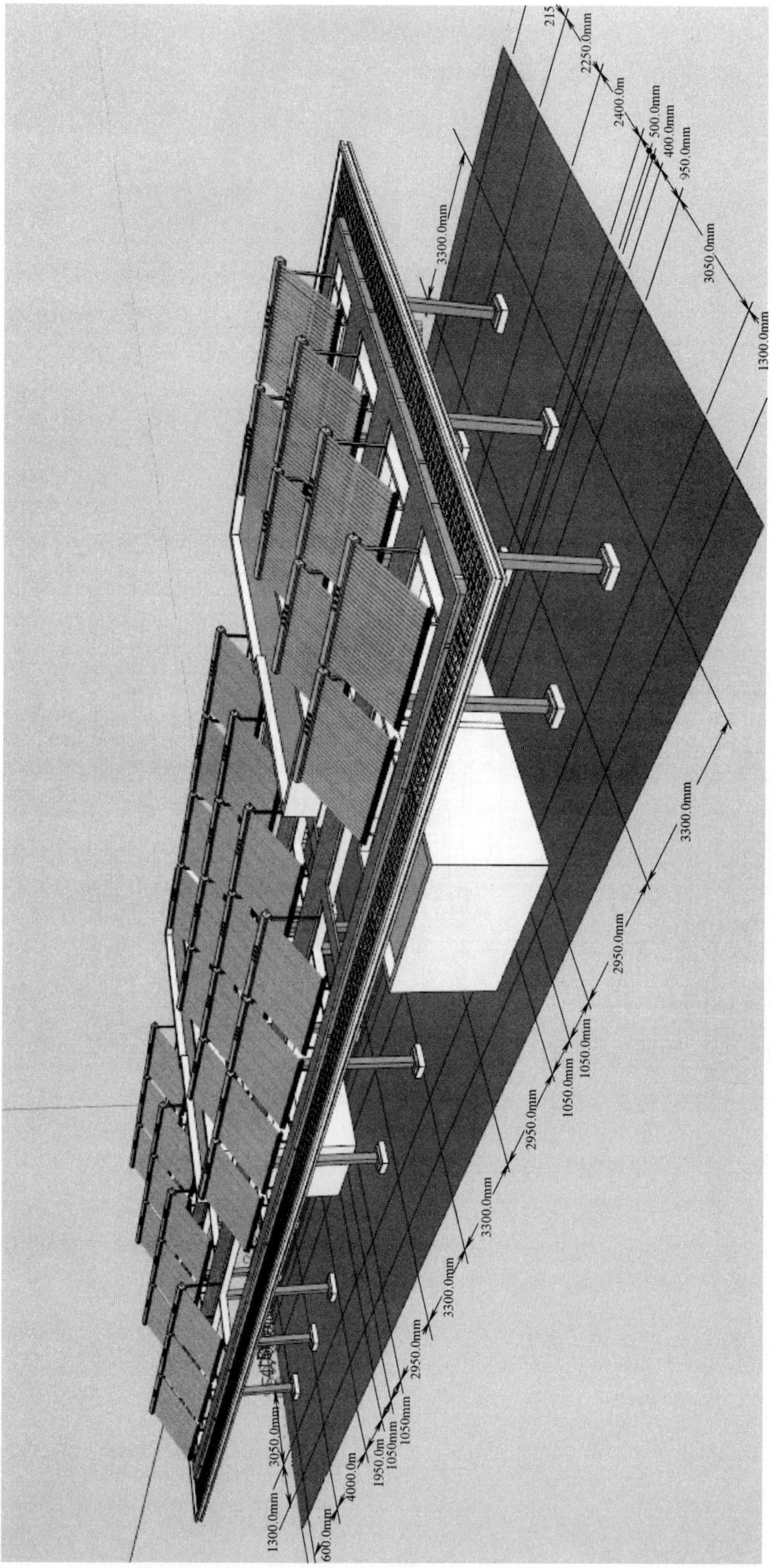

图 14-6　集热器安装设计效果图

14.4.3　太阳能热水系统管路整体布置图（见图 14-7）

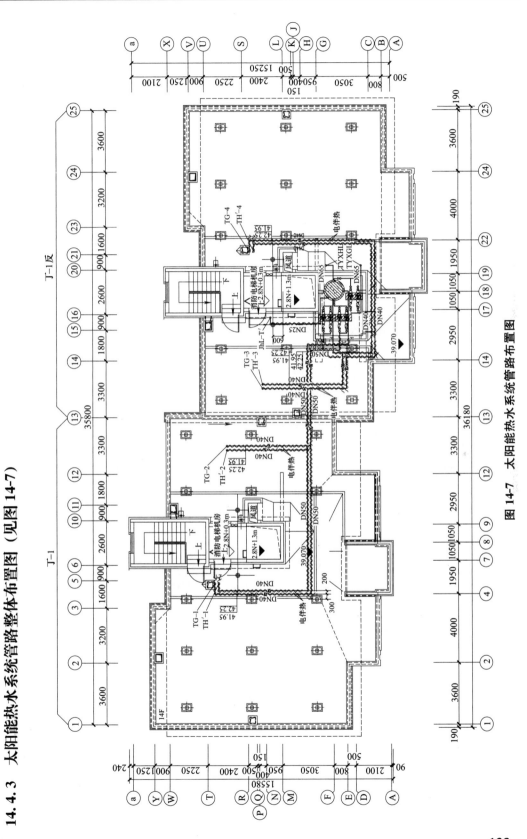

图 14-7　太阳能热水系统管路布置图

14.5　系统实际使用效果检测

2015 年 12 月 2～5 日国家太阳能热水器质量监督检验中心（北京）对该系统进行了测试，测试期间室外空气平均温度为－1.2～1.1℃，贮热水箱热损系数测试结果为 10.8W/(m³·K)。具体检测结果见表 14-1。

检测结果

表 14-1

序号	环境温度（℃）	太阳辐照量（MJ/m²）	平均每户系统得热量(MJ)	系统常规热源耗能量(MJ)	集热系统效率（%）	太阳能保证率(%)
1	0.9	19.85	981.5	224.4	49.1	81.4
2	－1.2	11.68	428.7	777.2	36.4	35.6
3	－0.5	15.51	824.2	381.7	52.7	68.3
4	1.1	7.94	284.3	921.6	35.5	23.6

14.6　系统节能环保效益分析

根据国家标准《可再生能源建筑应用工程评价标准》GB/T 50801 的规定，结合测试数据得出本项目的节能环保效益如表 14-2 所示。

节能环保效益

表 14-2

项　　　目		单　位	数　值
全年保证率		%	48.1
集热系统效率		%	42.6
全年常规能源替代量		tce/a	650.4
环保效果	CO_2 减排量	t/a	1606.5
	SO_2 减排量	t/a	13.01
	粉尘减排量	t/a	6.50
系统费效比		元/kWh	0.09
年节约费用		元	2447399
静态投资回收期		a	2.9

第 15 章　宁夏银川中房・东城人家二、三期住宅 太阳能热水系统

15.1　系统概况及特点

15.1.1　建筑概况

中房・东城人家小区为新建住宅建筑，位于宁夏银川市兴庆区友爱中心路东侧、新华东街南侧，银横路北，东侧紧邻大新渠，距城市中心区约 4km。小区二、三期总建筑面积 17.2 万 m²，居住户数 1498 户。

15.1.2　系统形式

该工程的太阳能热水系统形式为集中集热-分散供热系统，由北京创意博能源科技有限公司完成设计安装。

系统采用联集管式全玻璃真空管太阳能集热器，每个单元为一个独立的系统，集热器屋顶整体安装；楼顶水箱间设 300L 缓冲贮热水箱，用于将集热系统获取的热水输送至每户的供热水箱进行间接换热；二期住宅楼每户设置 120L 独立供热水箱，三期住宅楼每户 80L 供热水箱，复式结构户型每户设置两台 80L 供热水箱，项目共使用 1532 个水箱。

15.1.3　系统特点

系统设计时以银川地区 2 月、11 月的太阳平均辐照量为依据，冷水温度为 10℃，在不依靠辅助热源的条件下，热水温度达到 50℃。

屋顶缓冲贮热水箱每次只与 4 户换热，当用户供热水箱温度升高 5℃ 后关闭电动阀，自动切换到下 4 户，依次对所有用户换热。每次同时参与换热的用户数固定，待一轮加热完成后，返回第一层，继续第二轮加热，如此反复，保证所有用户能得到相同的能量。

太阳能集热器集中安装于楼顶，实现太阳能热水系统与建筑的结合，降低建筑能耗，带来显著的经济效益、环境效益。室内放置供热水箱自带辅助电加热，太阳能不足时可自动启动，保证连续阴雨天用户也能供应热水。

15.2　系统设计

15.2.1　设计参数

15.2.1.1　气象参数

年太阳辐照量：5°倾角表面 6171.824MJ/m²；

年日照时数：2920h；

年平均温度：10.26℃；

年平均日太阳辐照量：5°倾角表面 16.909MJ/m²。

15.2.1.2　热水设计参数

最高日热水用水定额：80L/(人·d)；

平均日热水用水定额：40L/(人·d)；

设计热水温度：50℃；

冷水设计温度：10℃。

15.2.1.3　常规能源费用

电价格：0.47元/kWh（居民用电价格）。

15.2.1.4　太阳集热器类型及尺寸

集热器类型：全玻璃真空联集管集热器；

集热器尺寸：3100mm×2000mm。

15.2.2　热水系统负荷计算结果

因系统是以每个单元为独立的一套系统，故此处以一个单元为例进行了负荷计算，结果如下表，楼高为 11 层，用户数为 22 户，每户以 2.5 人计，总用水人数按 55 人考虑。

系统设计日用热水量(L/d)	4400
系统平均日用热水量(L/d)	2200
设计小时耗热量(kJ/h)	147382
热水循环流量(L/h)	352
供水管道设计秒流量(L/s)	1.45

15.2.3　太阳能集热系统设计

15.2.3.1　太阳能集热器

太阳能集热器与建筑同方位，朝向正南；与屋面成 5°倾角摆放。该工程集热器平铺于建筑楼顶一排排放，相互之间无遮挡，因此无需计算前后排间距。

该单元的太阳能热水系统共采用配置 12 块 W-56/47-1500 型联集管式集热器，单块集热器采光面积为 3.74m²，共 44.88m²。

15.2.3.2　防冻防过热措施

（1）正向换热的方式：屋顶缓冲贮热水箱每次只与 4 户换热，当用户贮热水箱温度升高 5℃（可调）后关闭电动阀，自动切换到下 4 户，依次对所有用户换热（每次同时换热的用户数固定），待一轮加热完成后，返回第一层，继续第二轮加热，如此反复。这样可保证所有用户能得到相同的能量。

启动正向换热的条件：屋顶缓冲贮热水箱的温度比需要换热的 4 户中水温较高的用户水温高 10℃（可调）。

（2）防止垂直方向冷热不均衡：通过每户梯度换热［每次升高 5 或 10℃（可调）］，

保证所有用户基本上得到相同的热量，避免了冷热不均衡的问题。

（3）防止水箱超温：利用太阳能换热加热供热水箱时，当水箱温度高于 65℃时，电动阀自动关闭，防止水箱超温。

利用电加热器加热供热水箱时，当水箱温度达到设定温度（最高 65℃）时，电加热自动停止。同时，供热水箱的电加热器上有过温保护膨胀阀，对水箱进行过温保护。

（4）冬季防冻措施为：T_b（集热器底部温度）温度低于 5℃时启动水泵循环防冻，T_b温度低于 3℃时，启动电伴热带防冻。

15.2.3.3 控制系统设计

太阳能系统采用集中集热-分散供热运行方式，即在楼顶屋面统一安装太阳能集热器，每个用户家中安装一个供热水箱，每个供热水箱中设辅助电加热。

太阳能集热系统的控制柜通过温差循环的方式将集热器吸收的太阳能储存在楼顶的缓冲贮热水箱中（见图 15-1）。

通过控制管路中的工质循环将太阳能吸收的能量均匀的储存在每户的供热水箱中。不足部分通过辅助电加热补充。

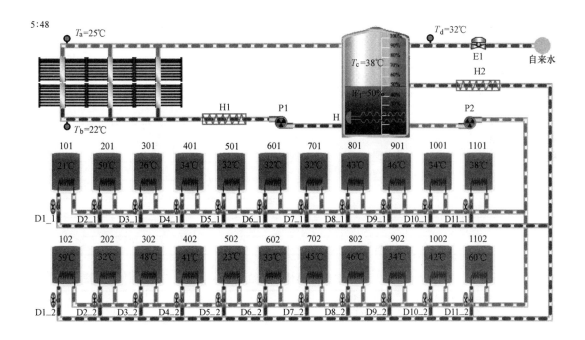

图 15-1 系统原理图

（1）远传措施：每个户内控制器采集两个温度与电动阀及电加热状态，通过 RS 485 总线传输到主控制器，主控制器通过无线传输给物业，实现物业数据中心可见每户的状态和温度，并存储和提供软件分析、出日报表。

（2）远程传输：监测系统可以将用户水箱参数以及集热器所有参数和状态传输到物业中心。

15.2.4 与建筑结合的节点设计（见图15-2）

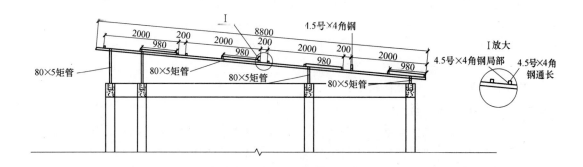

图 15-2 与建筑结合的节点设计

15.3 设备选型

太阳能集热器和供热水箱技术参数如表 15-1 和表 15-2 所示。

太阳能集热器技术参数　　　　　表 15-1

产品型号	W-56/47-1500
集热器件	真空集热管 φ47×1500mm
数量	56 支
采光面积	3.74m²
内胆材料	0.6mm 不锈钢
外壳材料	0.5mm 镀铝锌板
保温材料	聚氨酯
密封材料	硅橡胶密封圈
外形尺寸	2000mm×3100mm×190mm
重量	168kg(含水)

供热水箱技术参数　　　　　表 15-2

项目	技术参数
承压能力	0.6MPa
水箱容积	80L
外形尺寸	480mm×920mm
电加热功率	1.5kW
内胆	碳钢搪瓷
盘管	3/4″直径,6m 长
保温材料及要求	保温层采用聚氨酯,厚度要保证水箱温降小于或等于 5℃/24h
加热管	分户电加热管装置于供热水箱底部；电热管为国家、省级权威部门产品质量合格产品
温控器	能够实现定时自动加温、手动加温、超温保护；采用液晶显示屏,外形美观,用户操作方便

集热循环泵和换热的型号均为 PH-254E，流量为 50L/min 时，泵的扬程为 15mH$_2$O。

15.4　项目图纸及图片

太阳能集热器布置如图 15-3 所示。

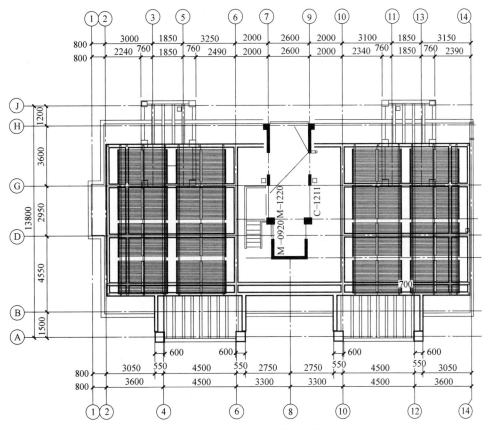

图 15-3　太阳能集热器布置图

15.5　系统实际使用效果检测

2014 年 9 月 12 日、9 月 15 日、9 月 17 日、9 月 18 日银川市建设工程综合检测站对系统进行了测试，测试期间室外空气平均温度为 21.6～25.0℃，室内供热水箱热损系数测试结果为 0.76W/K。具体检测结果见表 15-3。

					检测结果	表 15-3
测试时间	环境温度（℃）	太阳辐照量（MJ/m²）	平均每户系统得热量（MJ）	系统常规热源耗能量（MJ）	集热系统效率（%）	太阳能保证率（%）
9.12	25.0	10.11	7.98	5.36	22.5	59.8
9.15	21.6	5.61	4.02	9.32	20.4	30.1
9.17	22.5	14.58	11.02	2.32	21.5	82.6
9.18	22.8	23.15	16.10	0.00	19.8	100

15.6　系统节能环保效益分析

　　根据国家标准《可再生能源建筑应用工程评价标准》GB/T 50801 的规定，结合测试数据得出本项目的节能环保效益如表 15-4 所示。

节能环保效益

表 15-4

项　目		单　位	数　值
全年保证率		%	81.0
集热系统效率		%	20.8
全年常规能源替代量		tce/a	734.02
环保效果	CO_2减排量	t/a	1813.0
	SO_2减排量	t/a	14.68
	粉尘减排量	t/a	7.34
系统费效比		元/kWh	0.125
年节约费用		元	2387767.24
静态投资回收期		a	4.7

第16章 海南三亚国光酒店太阳能热水系统

16.1 系统概况

16.1.1 建筑概况

海南三亚国光酒店项目位于海南省三亚市三亚湾，为新建酒店建筑。

16.1.2 系统形式

设计选用的太阳能系统为：集中集热-集中供热系统，于2008年由山东力诺瑞特新能源有限公司完成设计安装。太阳能热水系统由太阳能集热器及支架、不锈钢保温水箱、辅助常压燃气热水锅炉、水泵、水管、全自动控制器等组成。采用真空管型联集箱集热器（58-1546型集热器），共计430组，集热面积为2700m²，满足每日397.6t的热水需求。辅助加热设备采用常压全自动燃气热水炉4台，每台的输出功率为30万大卡，能确保低温阴雨天时的热水供应。

集热器集中放置，控制系统、循环装置及其他辅助设备放置在设备间或楼顶。

16.1.3 系统特点

该系统的集热器安装采用屋面满布的形式，由于建筑形态的原因，集热器的安装标高不同，由于贮热水箱高于集热系统，为避免热水倒灌和真空管长期处于承压状态，设置3个体积较小的中间水箱（各5m³），4个子系统共用一个太阳能贮热水箱。

4个子集热系统采用定温放水＋温差集热循环方式，水箱采用定温补水方式。热水箱刚开始保证最低水位，通过集热循环加热水箱内的水，当水箱水温高于设定温度时，贮热水箱自动上水到设定温度，此时集热系统与贮水箱又存在温差，继续启动定温或温差循环，周而复始地不断加热水箱中的水直到水满为止，电磁阀关闭不再上水，定温或温差循环照常启动。

贮热水箱采用定时补水，每日上午九点（可设定）自来水上水，水满则自动停止。最低水位保护：当贮热水箱水位到达20%水位（可设定），热水箱自动上水，到达40%水位（可设定）自动停止。

利用水泵把太阳能贮热水箱的热水抽到恒温供热水箱中，当恒温供热水箱中的水位低于设定下限水位时，自动启动相应水泵，当水位高于上限水位时水泵自动停止。当恒温供热水箱中的水温低于供水温度时自动启动水泵和燃气锅炉对恒温供热水箱中的水进行加热。

高区的热水依靠变频供水系统向各区供应热水，生活热水管路的回水直接接到太阳能贮热水箱，低区依靠循环水泵，将管路的低温热水送回到太阳能贮热水箱，减少恒温供热水箱的锅炉启动次数。如贮热水箱温度低于设定值时或水满时，贮热水箱上部的回水电磁阀关闭，开启恒温供热水箱上部的回水电磁阀，热水管路回水直接回到恒温供热水箱，既可以充分利用热量又可以防止贮热水箱溢流。

16.2　系统设计

16.2.1　设计参数

16.2.1.1　气象参数

年太阳辐照量：水平面 5570.481MJ/m²，30°倾角表面 6281.993MJ/m²；

年日照时数：2755.5h；

年平均温度：11.5℃；

年平均日太阳辐照量：水平面 15.252MJ/m²，30°倾角表面 17MJ/m²。

16.2.1.2　热水设计参数

平均日热水用水量：12t /d；

设计热水温度：60℃；

冷水设计温度：10℃。

16.2.1.3　常规能源费用

电价格：0.88 元/kWh。

16.2.1.4　太阳集热器类型及尺寸

集热器类型：联集管式太阳能集热器；

集热器尺寸：3150mm×2020mm。

16.2.2　热水系统负荷计算

热水系统负荷计算结果如下，根据甲方需求，日用水量为 397.6t。

系统设计日用热水量(L/d)	3976000
系统平均日用热水量(L/d)	—
设计小时耗热量(kJ/h)	—
热水循环流量(L/h)	—
供水管道设计秒流量(L/s)	—

16.2.3　太阳能集热系统设计

太阳能集热器与建筑同方位，朝向正南；与屋面成 30°倾角摆放。

太阳能集热器采用全玻璃真空型太阳能集热器，共使用规格 φ58×1500mm 真空管 24800 支，真空管联箱共 496 个，集热器采光面积为 2700m²。

16.2.4　与建筑结合的节点设计

该工程太阳能与建筑一体化设计要点：

（1）建筑视觉无污染：太阳能系统安装在建筑上达到太阳能与建筑一体化的设计效

果，避免因安装太阳能而带来的视觉污染；

（2）考虑楼顶结构等综合因素，以综合节约常规能源和投资经济实用性、太阳能与建筑完美结合为出发点，选择管径 $\phi58mm\times1500mm$ 的集热管作为核心集热元件配置该工程；

（3）为了确保该系统的安全、稳固，充分发挥其良好的集热性能，利用 5 号国标热镀锌角钢支架、水泥楼顶水泥基础与女儿墙整体连接（见图 16-1 和图 16-2），达到抗风 10 级。

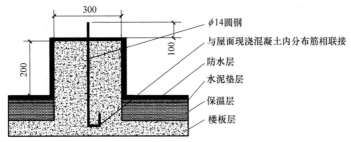

图 16-1　太阳能系统集热部分水泥基础施工图

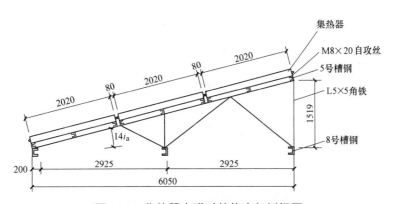

图 16-2　集热器串联时整体支架侧视图

16.3　设备选型

在 1.1 区、1.3 区的水箱间各设有 $9500mm\times5500mm\times2500mm(H)$ 的不锈钢太阳能贮热水箱（有效容积 114.95m³）和 $9500mm\times2000mm\times2500mm(H)$ 的不锈钢太阳能恒温供热水箱（有效容积 41.8m³）各 1 个。在 2 区、3 区的十三层各设有 $\phi1360\times1220mm$ 的不锈钢减压水箱 2 个；在 2 区、3 区的十五层各设有 $\phi1360\times1220mm$ 的不锈钢减压水箱 1 个。所有水箱容量合计为 300m³。

16.4　项目图纸

16.4.1　系统原理图（见图 16-3）

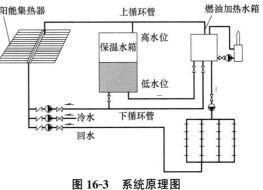

图 16-3　系统原理图

16.4.2　集热器平面布置图（见图 16-4～图 16-6）

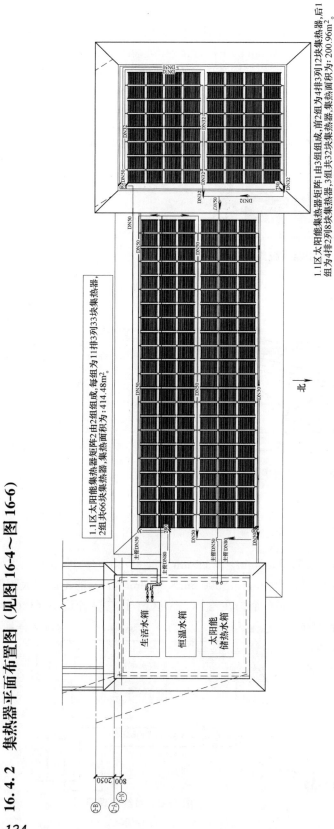

1.1区太阳能集热器矩阵2由2组组成,每组为11排3列33块集热器,2组共66块集热器,集热面积为:414.48m²。

1.1区太阳能集热器矩阵1由3组组成,前2组为4排3列12块集热器,后1组为4排2列8块集热器,3组共32块集热器,集热面积为:200.96m²。

北

图 16-4　1 区太阳能系统集热器部分平面布置图

生活水箱

恒温水箱

太阳能储热水箱

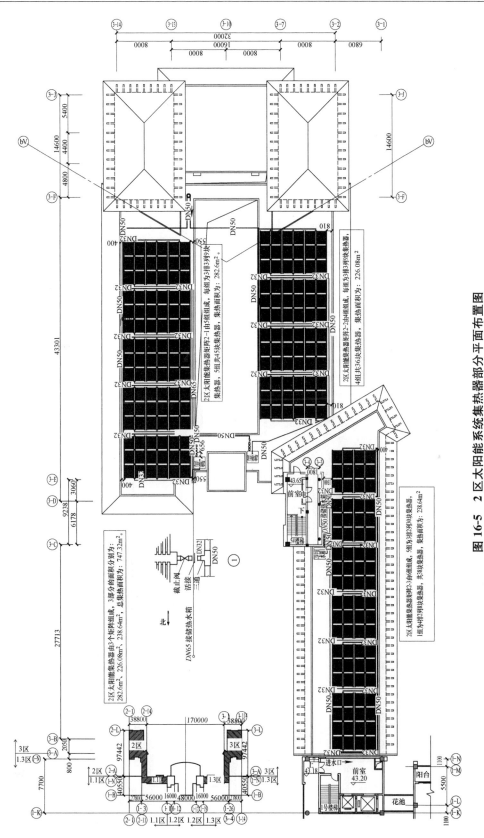

图 16-5　2 区太阳能系统集热器部分平面布置图

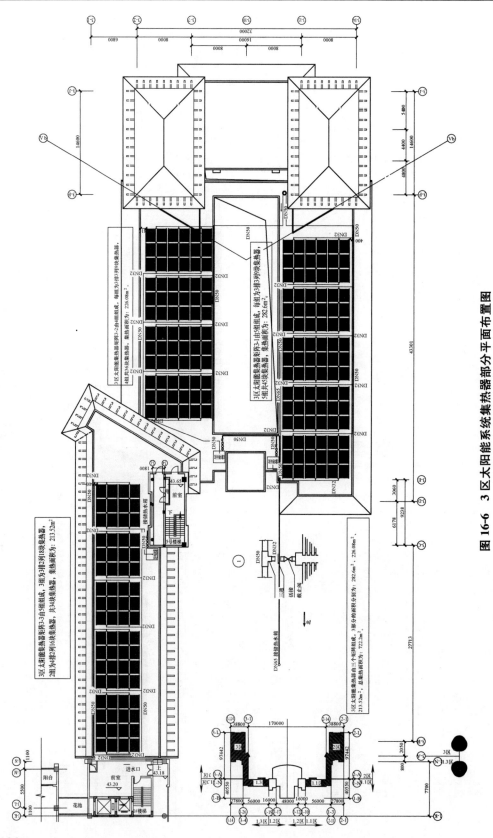

图 16-6　3 区太阳能系统集热器部分平面布置图

16.4.3　太阳能热水系统管路整体布置图（见图 16-7）

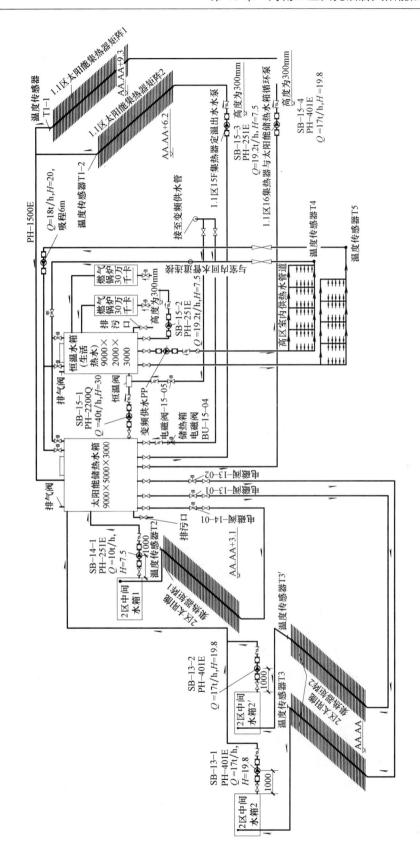

图 16-7　太阳能热水系统管路整体布置图

第 17 章 无锡太湖国际博览中心君来世尊酒店太阳能热水系统

17.1 工程概况

17.1.1 建筑概况

无锡太湖国际博览中心大酒店位于无锡市滨湖区，为新建酒店建筑。

17.1.2 系统形式

该工程的太阳能热水系统形式为集中集热-集中供热系统，于 2013 年由北京四季沐歌太阳能技术集团有限公司完成安装设计。

该系统全日 24h 供应热水；辅助能源为高温蒸汽，阴雨天气光照不足或夜间等情况，使用辅助蒸汽来保证热水供应。整个系统由两个子系统组成，每个系统配备 20t 的水箱一个；太阳能集热器安装在平屋面上，贮热水箱等设备安装在地下一层设备机房内。

17.1.3 系统特点

17.1.3.1 系统设计

系统设计采用优先使用太阳能的原则设计，采用全自动控制，无需人员操作；各类阀门设备安装便于拆卸与检修。同时，整个系统出水恒温恒压，按摩式洗浴，舒适可靠。

17.1.3.2 建筑一体化

设计采用四季沐歌生产的 FPC1200A 平板型太阳能集热器，可以模块化安装。集热器为整板，深蓝色，外观美观，与建筑完美结合，实现建筑一体化安装。

17.1.3.3 平板型太阳能集热器特点

(1) 平板型集热器的吸热体为选择性吸收涂层，集热器的吸收率 $\alpha \geqslant 95\%$，反射率 $\varepsilon < 0.4\%$；

(2) 热效率高，在 70% 以上；

(3) 平板型集热器实现同等安装面积下，吸收涂层面积大，输出功率高；

(4) 集热器采用平板超白低铁布纹太阳能钢化玻璃全密封，热损失小；

(5) 吸热体在吸热后直接传递给工作介质，无热阻，传热效率高；

(6) 平板型集热器整体安装运输方便；

(7) 集热器管道为紫铜管，承压性好；

（8）管路光滑，流道长，不容易结垢。

17.1.3.4　防雷安全保护措施

（1）严格按现场的结构设置规范的防雷装置，严格按焊接工艺标准焊接，焊接处要牢固；

（2）根据国家标准要求，采用标准的避雷带；

（3）各种焊缝、搭接须达到行业标准，计算好避雷范围，使热能设备在避雷范围内，容积式水换热器、太阳能支架等，单独设避雷带、线，且与建筑物的避雷系统相连，架空、埋地等金属管道在进入建筑物处，应与楼房的防雷电感应的接地装置连接。

17.2　系统设计

17.2.1　设计参数

17.2.1.1　气象参数

根据《太阳能集中热水系统选用与安装》06SS128 附录一中的主要城市各月设计用气象参数表，选用无锡的临近城市——南京作为参照依据，选取各气象参数。

（1）年太阳辐照量：水平面 47045.85MJ/m²；

（2）年日照时数：2049.3h；

（3）年平均温度：15.4℃；

（4）年平均日太阳辐照量：水平面 12.90MJ/m²。

17.2.1.2　热水设计参数

最高日热水用水定额：120L /（人・d）；

平均日热水用水定额：110L /（人・d）；

设计热水温度：55℃；

冷水设计温度：15℃。

17.2.1.3　常规能源费用

天然气价格：3.52 元/m³（2015 年价格）。

17.2.1.4　太阳集热器类型及尺寸

集热器类型：平板型太阳能集热器；

集热器尺寸：2000mm×1000mm×80mm(长×宽×厚)。

17.2.2　热水系统负荷计算

热水系统负荷计算结果如下表所示，用户数总计 370 间客房，平均每间客房以 1.1 人计，总用水人数按 400 人考虑。

系统设计日用热水量(L/d)	48000
系统平均日用热水量(L/d)	44000

续表

设计小时耗热量(kJ/h)	1607808
热水循环流量(L/h)	3840
供水管道设计秒流量(L/s)	4.3

17.2.3　太阳能集热系统设计

17.2.3.1　太阳集热器的定位

太阳集热器与建筑同方位，朝向正南；与屋面成 10°倾角摆放。该工程集热器前后间距为 600mm。单块平板型太阳能集热器的集热面积为 1.84m^2，同时考虑实际情况，设计采用四季沐歌牌 FPC1200A 平板 400 块。

17.2.3.2　防冻防过热措施

该系统采用防冻液介质进行防冻。

17.2.3.3　建筑防风设计

该系统集热器抗风等级大于 12 级。

17.2.3.4　防漏电保护措施

(1) 各电器设备有可靠的接地保护，计划导线的截面积应能承受设备的负荷，控制箱里应有漏电保护器，过载保护器；

(2) 采用达标的线材、电器元件，进口漏电开关和热继电器；

(3) 导线与导线连接牢固，布线时，严禁导线出现破损，各种电器设备有较完善的防雨装置。安装完毕必须作防漏电测试。

17.2.3.5　控制系统设计

控制系统具有以下功能：温差循环、防溢流、缺水自动补水、防雷击、防漏电等。具体功能原理如下（数值仅供参考，具体可以根据使用情况确定）：

(1) 温差循环：当集热器出水口温度比太阳能容积式换热器底部温度温差高于 8℃时，热循环泵自动启动工作；当集热器出水口温度比太阳能容积式换热器底部温度温差低于 3℃时，热循环泵停止，实现温差循环功能。

(2) 防干烧功能：当集热器出水口温度高于 96℃时，所有循环停止运行，当集热器出水口温度低于 92℃时，所有循环恢复运行，实现集热器防干烧功能。

(3) 自动补液：热媒加热罐在管路热媒损耗压力降低，由远程压力表给信号，电磁阀打开热媒加热泵启动加液到原管路系统压力时，热媒加热泵关闭，以保证热媒管路能正常运行。

(4) 防雷击、漏电功能：系统设有漏电开关，并设计防雷接地系统，实现防雷、防漏电功能。

(5) 安全保护：设有短路、过流、漏电和过温断电四种安全防护功能。

17.2.4　与建筑结合的节点设计

与建筑结合的节点设计如图 17-1～图 17-3 所示。

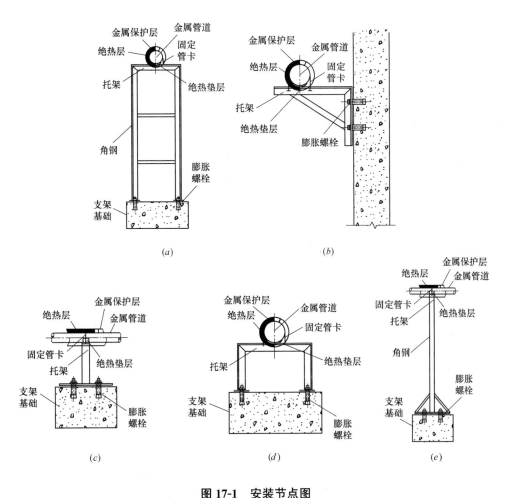

图 17-1　安装节点图

（a）Ⅱ型钢支架管道固定（一）；（b）墙体管道固定；（c）Ⅰ型钢支架管道固定（一）；

（d）Ⅰ型钢支架管道固定（二）；（e）Ⅱ型钢支架管道固定（二）

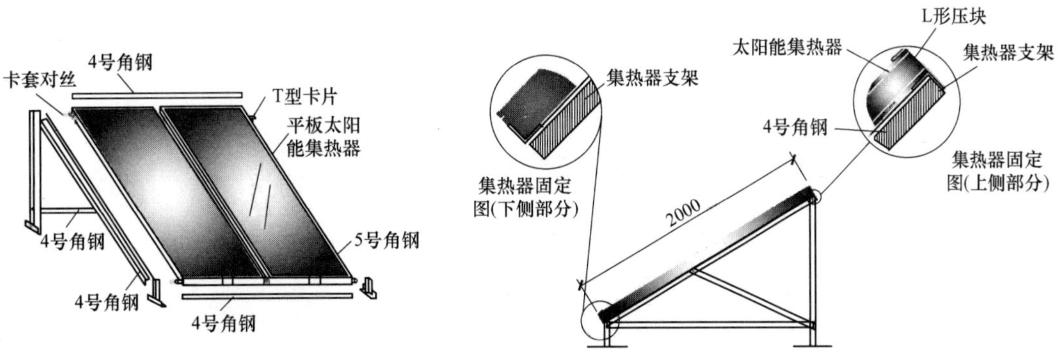

图 17-2　集热器支架图

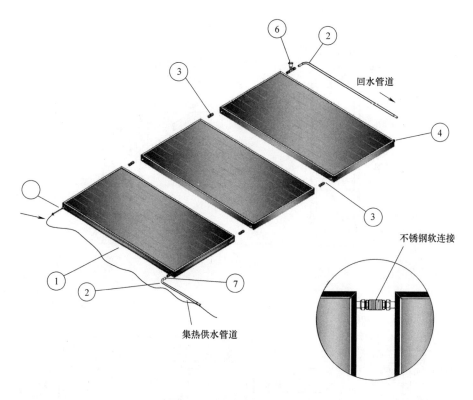

回水管道

集热供水管道

不锈钢软连接

图 17-3　集热器连接大样图

17.3　设备选型

　　该工程选用四季沐歌牌 FPC1200A 平板型太阳能集热器。单块集热面积为 $1.84m^2$，共 400 块，可以保证系统所需用热水量，同时平板型集热器可以模块化安装，外形美观，易于实现建筑一体化。

17.4　项目图纸

17.4.1　系统原理图（见图 17-4）

17.4.2　集热器平面布置图（见图 17-5）

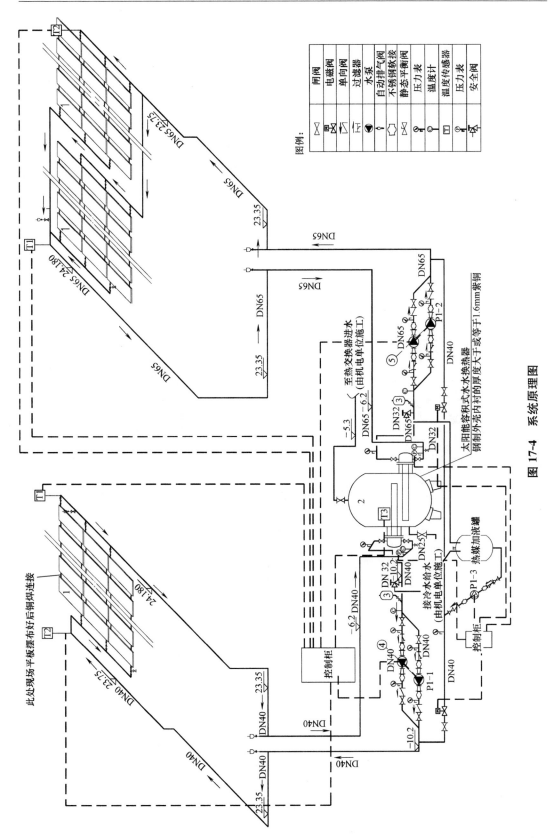

图 17-4　系统原理图

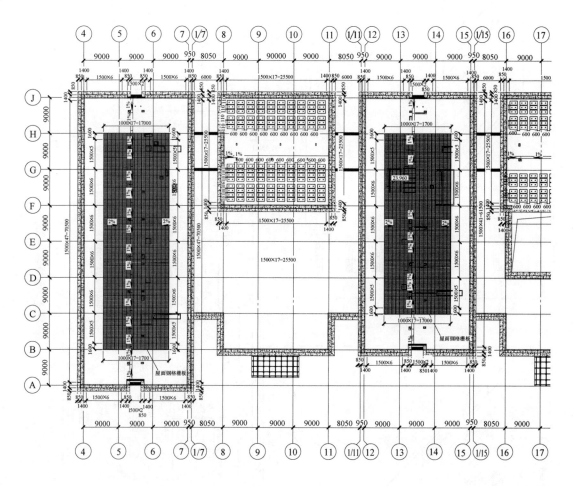

图 17-5　集热器

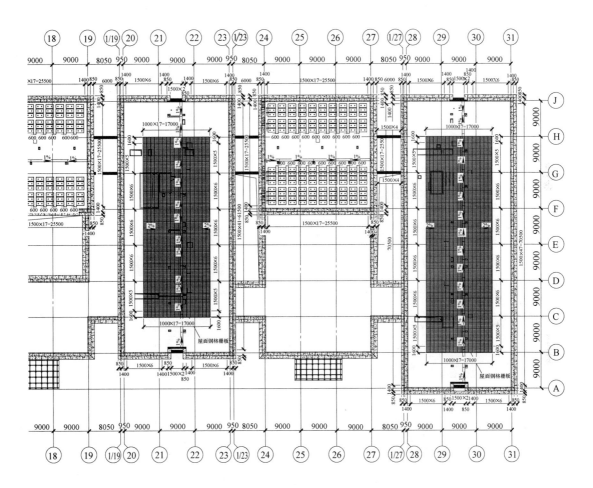

平面布置图

17.5　系统实际使用效果检测

2013 年 10 月 16～17 日、10 月 20～21 日国家太阳能热水器质量监督检验中心（北京）对该系统进行了测试，贮热水箱热损系数为 13W/(m³·K)。具体检测结果见表 17-1。

太阳能热水系统检测结果　　　　　　　　　表 17-1

序号	环境温度（℃）	太阳辐照量（MJ/m²）	集热系统得热量(MJ)	系统常规热源耗能量(MJ)	集热系统效率	太阳能保证率
1	19.3	13.44	2818.5	902.3	57%	76%
2	18.8	6.18	833.8	2787.8	37%	23%
3	24.0	18.32	4555.2	0.0	68%	100%
4	21.7	10.84	2516.3	1189.4	63%	68%

17.6　系统节能环保效益分析

根据现行国家标准《可再生能源建筑应用工程评价标准》GB/T 50801 的规定，结合测试数据得出该项目的节能环保效益如表 17-2 所示。

节能环保效益　　　　　　　　　表 17-2

项　　目		单　位	数　值
全年保证率			69.0%
集热系统效率			57.1%
全年常规能源替代量		tce/a	42.1
环保效果	CO_2 减排量	t/a	104.0
	SO_2 减排量	t/a	0.842
	粉尘减排量	t/a	0.421
系统费效比		元/kWh	0.292
年节约费用		元	366748
静态投资回收期		a	4.1

第 18 章　北京中粮营养健康研究院 行政中心楼太阳能热水系统

18.1　系统概况

18.1.1　建筑概况

该项目位于北京市昌平区，为新建公共建筑，建筑总面积为 13975m²，建筑高度 15.9m，建筑的主要功能为办公。

18.1.2　系统形式

系统采用集中集热-集中供热的形式提供建筑生活热水，于 2013 年由北京海林节能设备股份有限公司完成设计安装。

集热部分采用闭式承压系统运行，供水部分采用开式非承压系统运行，一次侧与二次侧通过板式换热器进行换热；全日 24h 供应热水，单水箱；太阳能集热器安装在屋顶集热器钢架上；水箱等设备安装在五层设备机房内；辅助热源为容积式电热水器。

18.1.3　系统特点

该项目采用屋顶绿化技术，集热器安装在距屋面 3m 高的钢结构框架平台上，并安装了护栏，保证了安装维修时施工人员的人身安全，同时保证了在集热器框架下面活动的人员安全。

18.2　系统设计

18.2.1　设计参数

18.2.1.1　气象参数
年太阳辐照量：水平面 5570.481MJ/m²，30°倾角表面 6281.993MJ/m²；
年日照时数：2755.5h；
年平均温度：11.5℃；
年平均日太阳辐照量：水平面 15.252MJ/m²，30°倾角表面 17MJ/m²。

18.2.1.2　热水设计参数
平均日热水用水量：12t/d；
设计热水温度：60℃；

冷水设计温度：10℃。

18.2.1.3　常规能源费用

电价格：0.88 元/kWh。

18.2.1.4　太阳能集热器类型及尺寸

集热器类型：平板型太阳能集热器；

集热器尺寸：2000mm×1000mm。

18.2.2　热水系统负荷计算

热水系统负荷计算结果见下表。

系统设计日用热水量(L/d)	24000
系统平均日用热水量(L/d)	12000
设计小时耗热量(kJ/h)	753660
热水循环流量(L/h)	1800
供水管道设计秒流量(L/s)	1.82

18.2.3　太阳能集热系统设计

18.2.3.1　太阳集热器

太阳能集热器与建筑同方位，朝向正南；与屋面成 10°倾角摆放。单块集热器总面积为 2m²，共 96 块集热器，该项目集热器总面积为 192m²。

18.2.3.2　防冻防过热措施

（1）防冻

集热系统为间接式，集热系统的传热工质为防冻液。

（2）过热防护

该项目利用膨胀罐吸收集热系统过热时的膨胀量。根据计算结果，该项目选用的膨胀罐容积为 300L。

18.2.3.3　控制系统设计

控制系统采用集成一体计算机控制系统，自动运行，无人值守，集热系统为温差循环工作方式；补水采用定温补水和紧急补水相结合的方式，以定温补水为主；辅助能源采用恒温加热方式，由电锅炉自带控制仪控制；过热保护自动运行。

（1）太阳能温差集热循环：当 $T_1-T_2\geqslant10$℃（可调）时，开启集热循环泵和换热循环泵，将集热方阵吸收的热量转移到贮热水箱中；当 $T_1-T_2\leqslant4$℃（可调）时，关闭集热循环泵和换热循环泵，停止集热循环。T_1 为屋顶系统集热器出口温度，T_2 为贮热水箱温度。

（2）水位控制：定温补水：当水箱温度 $T_2\geqslant60$℃且水箱低于满水位时，补水电磁阀打开补水至 $T_2\leqslant55$℃或者水箱达到满水位时停止。

低水位紧急补水：当水箱水位低于设定值时，不管水箱温度 T_2 是什么数值，电磁阀打开，补水至预设水位关闭补水电磁阀。

（3）智能辅助加热　当容积式电热水器水温低于设定值时，电热水器自动启动，当达到设定温度时，加热停止。

(4) 管路循环，即开即热：全天检测用水最不利点温度 T_4，若 $T_4 \leqslant 40℃$（可设定），开启热水循环泵，用水箱的热水将管道内的冷水顶回水箱，保证用水端用水即开即热；当 $T_4 \geqslant 45℃$ 时（可设定），水泵关闭。

18.3　设备选型

18.3.1　贮热水箱

该项目的用水为全天用水，贮热水箱标称容积为 12t，有效容积为 10t。

18.3.2　集热系统循环泵

按每平方米集热器的流量为 $0.017\mathrm{kg}/(\mathrm{m}^2 \cdot \mathrm{s})$ 计算，集热系统的流量为 11750L/h，此流量即为集热系统水泵的流量。考虑到沿程损失，局部损失，水泵的扬程为 $H = 15\mathrm{mH_2O}$。

18.3.3　热水系统循环泵

热水系统的循环流量为 1800L/h，考虑循环水量通过配水管和回水管的水头损失，水泵的扬程为 $H = 10\mathrm{mH_2O}$。

18.3.4　热水增压水泵

热水供水采用变频增压装置，其流量为系统热水供水的设计秒流量 1.82L/s，考虑通过容积式热交换器的水头损失，系统供水管的水头损失以及配水最不利点所需的流出水头，热水增压泵扬程为 $H = 28\mathrm{mH_2O}$。

18.3.5　容积式热交换器选型

18.3.5.1　加热面积

容积式热交换器按系统最不利工况，即太阳能系统不工作时的条件确定。

$$F_{\mathrm{jr}} = \frac{C_{\mathrm{r}} \cdot Q'_{\mathrm{z}}}{\varepsilon \cdot K \cdot \Delta t_{\mathrm{j}}}$$

式中　F_{jr}——水加热器的加热面积，m^2；

$\qquad Q'_{\mathrm{z}}$——制备热水所需的热量，即系统设计小时耗热量 Q_{h}，753660kJ/h；

$\qquad K$——传热系数，$5400\mathrm{W}/(\mathrm{m}^2 \cdot \mathrm{K})$；

$\qquad \varepsilon$——由于水垢和热媒分布不均匀影响传热效率的系数，$\varepsilon = 0.8$；

$\qquad \Delta t_{\mathrm{j}}$——热媒与加热水的计算温度差，℃；

$$\Delta t_{\mathrm{j}} = \frac{t'_{\mathrm{mc}} + t'_{\mathrm{mz}}}{2} - \frac{t_{\mathrm{r}} + t_{\mathrm{L}}}{2} = 37.5℃$$

$\qquad t'_{\mathrm{mc}}$、t'_{mz}——热媒的初温和终温，85℃/60℃；

$\qquad t_{\mathrm{r}}$、t_{L}——被加热水的终温和初温 60℃/10℃；

C_r——热水供应系统的热损失系数，取 $C_r = 1.15$。

经计算，$F_{jr} = 5.35\text{m}^2$。

18.3.5.2　贮水容积

容积式热交换器贮热量保证系统用户 90min 设计小时耗热量，即：

$$Q' = 1.5Q_h = 1130490\text{kJ}$$

$$V = \frac{Q'}{c\rho_r(t_r - t_L)} = 5409\text{L}$$

18.3.5.3　热媒耗量

$$G_m = \frac{C_r Q_h}{3600c(t'_{mz} - t'_{mc})}$$

式中　G_m——热媒耗量，kg/s。

经计算，$G_m = 3.01\text{kg/s}$。

18.4　项目图纸

18.4.1　系统原理图（见图 18-1）

18.4.2　集热器平面布置图（见图 18-2）

18.4.3　与建筑结合节点图（见图 18-3 和图 18-4）

18.5　系统实际使用效果检测

2015 年 6 月 14 日、6 月 19～22 日、6 月 29 日，国家太阳能热水器质量监督检验中心（北京）对该系统进行了测试，测试期间室外空气平均温度为 27.3～28.7℃，贮热水箱容水量为 9.92m³，热损因数测试结果为 12.4W/(m³·K)。具体检测结果见表 18-1。

检测结果　　　　　　　　　　　　　　　　　　　表 18-1

序号	环境温度 （℃）	太阳辐照量 （MJ/m²）	平均每户 系统得热量 （MJ）	系统常规热 源耗能量 （MJ）	集热系 统效率 （%）	太阳能 保证率 （%）
1	27.3	7.64	496.4	1513.4	33.8	24.7
2	28.2	11.58	789.3	1220.5	35.5	39.3
3	28.4	15.94	1482.9	526.9	48.5	73.8
4	28.7	20.93	1929.1	80.7	48.0	96.0

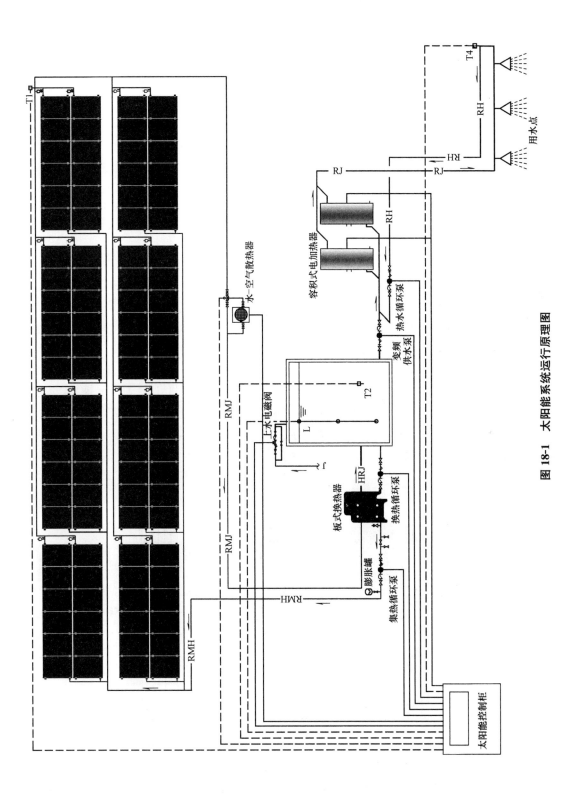

图 18-1　太阳能系统运行原理图

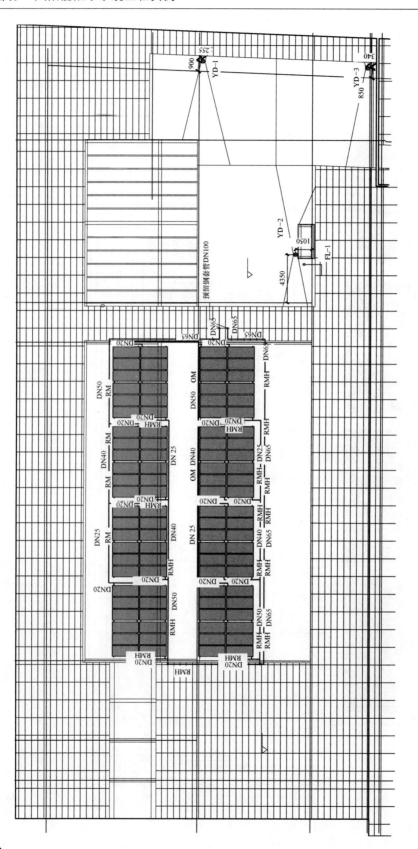

图 18-2　集热器平面布置图

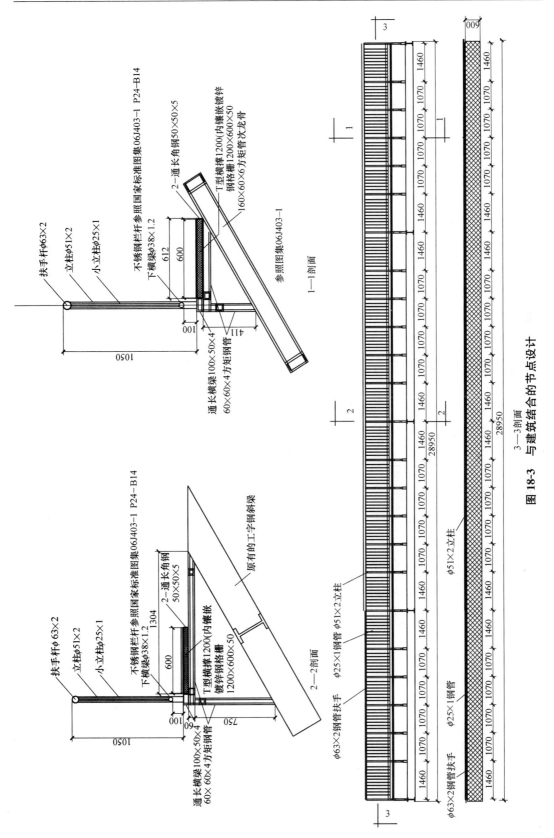

图 18-3　与建筑结合的节点设计

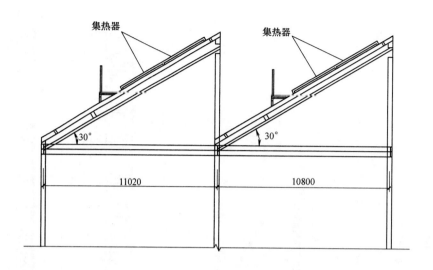

图 18-4　集热器支架侧视图

18.6　系统节能环保效益分析

根据现行国家标准《可再生能源建筑应用工程评价标准》GB/T 50801 的规定，结合测试数据得出该项目的节能环保效益如表 18-2 所示。

节能环保效益　　　　　　　　　　　　　　　　　　表 18-2

项　　　目		单位	数值
全年保证率		%	63.9
集热系统效率		%	42.3
全年常规能源替代量		tce/a	51.6
环保效果	CO_2减排量	t/a	127.5
	SO_2减排量	t/a	1.03
	粉尘减排量	t/a	0.52
系统费效比		元/kWh	0.13
年节约费用		元	195034
静态投资回收期		a	4.3

第19章 北京邮电大学沙河校区一期太阳能热水系统

19.1 系统概况

19.1.1 建筑概况

该项目位于北京市昌平区沙河镇高教园区北京邮电大学沙河校区，为新建建筑。学生公寓总建筑面积43535m²，包括学生公寓A、学生公寓C、学生公寓E楼。建筑高度为23.4m。食堂及活动中心总建筑面积32500m²，其中地上建筑面积28652.9m²、地下建筑面积5472.1m²。包括4个单体工程：教工食堂（A楼）、联合办公楼（B楼）、活动中心（C楼）、学生食堂（D楼）。建筑高度：A楼26.8m，B楼20.9m，C楼20.4m、D楼29.1m。

19.1.2 系统形式

该工程的太阳能热水系统形式为集中集热-集中供热系统，由北京索乐阳光能源科技有限公司完成设计安装。

系统选用集热、贮热一体式真空集热管型太阳能集热器，自来水进入集热器集管联箱内的不锈钢波纹盘管换热器中被加热，热水经恒温混水阀后供到用水端。温度设定不大于60℃，辅助能源采用区域锅炉产生的热媒水，当太阳能系统温度不足时，启动热媒水进行加热。太阳能系统采用电磁阀控制水位方式的进行补水。

19.1.3 系统特点

(1) 充分利用冷水给水系统的压力，不使用常规动力驱动换热，自身能耗低；
(2) 太阳能集热器为集热、贮热一体；
(3) 集热系统为自然循环，不需要复杂的控制系统；
(4) 减少集热系统的设备间面积，降低建筑成本；
(5) 水质新鲜，无二次污染，达到饮用水标准；
(6) 系统简单、稳定、安全、维护工作量少。

19.2 系统设计

19.2.1 设计参数

19.2.1.1 气象参数

年太阳辐照量：水平面5570.481MJ/m²，10°倾角表面5967.836MJ/m²；

年日照时数：3092.6h；

年平均温度：11.5℃；

年平均日太阳辐照量：水平面 15.252MJ/m²，40°倾角表面 17.210MJ/m²。

19.2.1.2 热水设计参数

最高日热水用水定额：40L/（人·d）；

日平均热水用水定额：35L/（人·d）；

设计热水温度：60℃；

冷水设计温度：10℃。

19.2.1.3 常规能源费用

天然气价格：2.05 元/m³（2010 年价格）。

19.2.1.4 太阳集热器类型及尺寸

集热器类型：集热、贮热一体式真空管型太阳能集热器；

集热器尺寸：2280mm×2067mm。

19.2.2 热水系统负荷计算

热水系统负荷计算结果如下表，学生公寓 A 楼用水人数为 605 人。

系统设计日用热水量(L/d)	24200
系统平均日用热水量(L/d)	21180
设计小时耗热量(kJ/h)	886806
热水循环流量(L/h)	21180
供水管道设计秒流量(L/s)	1.51

19.2.3 太阳能集热系统设计

19.2.3.1 太阳能集热器的定位

太阳能集热器与建筑同方位，朝向正南；与屋面成 15°倾角摆放（见图 19-1）。集热器的规格为一组总面积 3.6m²，共 90 组集热器，实际集热器总面积为 324m²。

19.2.3.2 防冻防过热措施

（a）防冻

该系统采用电伴热带进行防冻。

（b）过热防护

情况一：太阳能集热、贮热部分采用开式无压系统，水温不会超过 100℃，避免因太阳能导致高温高压对设备的破坏；系统配备自动补水装置，缺水后可自动补偿。

情况二：当热水出水温度高于 60℃时，热水管路配备恒温混水器，可自动调整到设定温度，不会产生烫伤。

图 19-1　太阳能集热器布置图

19.2.3.3　控制系统设计

系统室内回水管路循环控制使用定时循环和温差循环双重控制，确保用水末端即开就有热水。

19.2.4　与建筑结合的节点设计（见图 19-2）

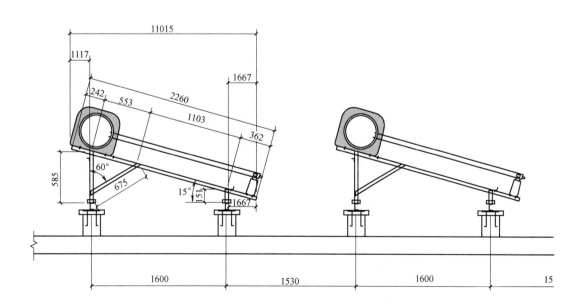

图 19-2　与建筑结合的节点设计

19.3 设备选型

19.3.1 贮热水箱

每组集热、贮热一体的太阳能集热器的容水量为300L，总容水量为97200L。

19.3.2 集热系统循环泵

该系统充分利用冷水给水系统的压力，集热系统无循环泵。

19.3.3 容积式换热器

19.3.3.1 加热面积

容积式热交换器按系统最不利工况，即太阳能系统不工作时的条件确定。

$$F_{jr}=\frac{C_r \cdot Q'_z}{\varepsilon \cdot K \cdot \Delta t_j}$$

式中 F_{jr}——水加热器的加热面积，m^2；

Q'_z——制备热水所需的热量，即系统设计小时耗热量 Q_h，kJ/h；

K——传热系数，$5400W/(m^2 \cdot K)$；

ε——由于水垢和热媒分布不均匀影响传热效率的系数，$\varepsilon=0.8$；

Δt_j——热媒与加热水的计算温度差，℃；

$$\Delta t_j=\frac{t'_{mc}+t'_{mz}}{2}-\frac{t_r+t_L}{2}=37.5℃$$

t'_{mc}、t'_{mz}——热媒的初温和终温，85℃/60℃；

t_r、t_L——被加热水的终温和初温，60℃/10℃；

C_r——热水供应系统的热损失系数，取 $C_r=1.15$。

经计算，$F_{jr}=6.29m^2$

19.3.3.2 贮水容积

容积式热交换器贮热量保证系统用户90min设计小时耗热量，即：

$$Q'=1.5Q_h=1330209kJ$$

$$V=\frac{Q'}{c\rho_r(t_r-t_L)}=6367L$$

19.3.3.3 热媒耗量

$$G_m=\frac{C_r Q_h}{3600c(t'_{mz}-t'_{mc})}$$

式中 G_m——热媒耗量，kg/s。

经计算，$G_m=18.8kg/s$。

19.4　项目图纸

19.4.1　系统原理图（见图 19-3）

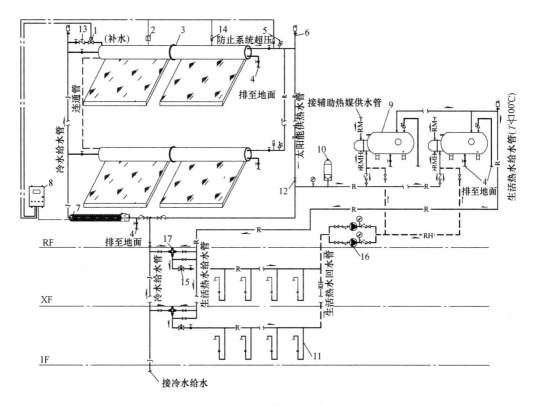

图 19-3　系统原理图

1—水位控制电磁阀；2—电子液位计；3—无动力太阳能集热器；4—泄水管；
5—安全阀；6—排气阀；7—电伴热带；8—系统控制盒；9—容积式热交换器；
10—膨胀罐；11—用户室内用热水端；12—截止阀；13—止回阀；14—温度
探点；15—温度控制阀；16—热水回水循环泵；17—恒温混水阀

19.4.2　集热器平面布置图（见图 19-4）

19.4.3　与建筑结合节点图（见图 19-2 和图 19-5）

19.5　系统实际使用效果检测

2015 年 10 月 9～13 日国家太阳能热水器质量监督检验中心（北京）对该系统进行了测试，测试期间室外空气平均温度为 15.3～17.5℃，贮热水箱容水量为 0.3m³，热损因数测试结果为 8.56W/(m³·K)。具体检测结果见表 19-1。

159

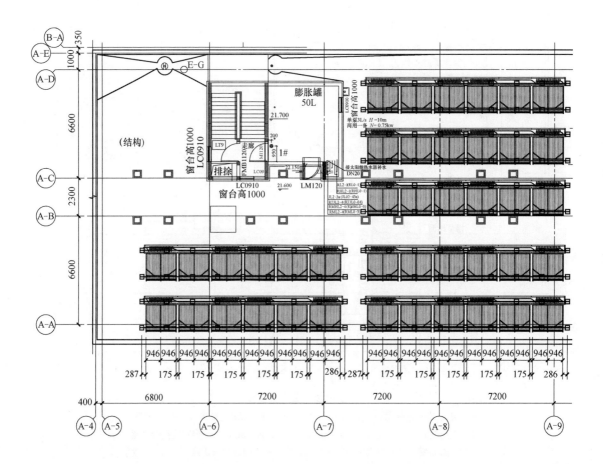

图 19-4　集热器

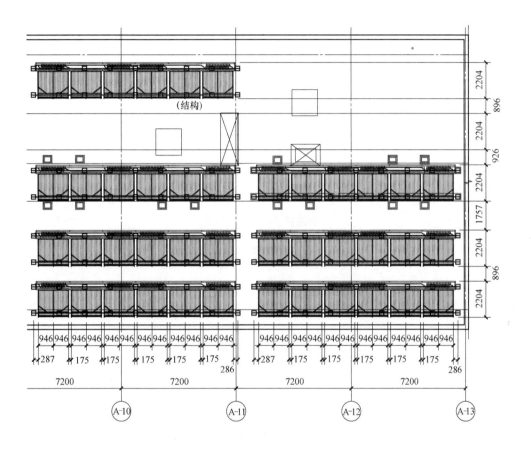

平面布置图

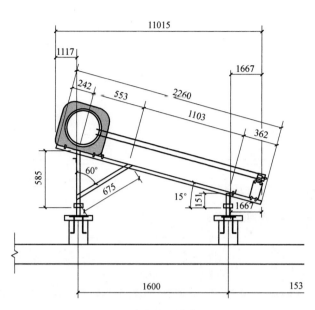

图 19-5　与建筑结合节点图

检测结果

表 19-1

序号	环境温度 （℃）	太阳辐照量 （MJ/m²）	平均每户 系统得热量 （MJ）	系统常规热 源耗能量 （MJ）	集热系 统效率 （%）	太阳能 保证率 （%）
1	15.3	20.86	11.89	454.59	57	89
2	16.7	14.3	7.36	1880.18	51.5	55
3	17.5	9.4	4.32	2837.94	46	32
4	16.8	4.2	1.45	3743.57	34.5	11

19.6　系统节能环保效益分析

　　根据现行国家标准《可再生能源建筑应用工程评价标准》GB/T 50801 的规定，结合测试数据得出该项目的节能环保效益如表 19-2 所示。

节能环保效益

表 19-2

项　　目		单位	数值
全年保证率		%	53.7
集热系统效率		%	47.0
全年常规能源替代量		tce/a	30.54
环保效果	CO_2 减排量	t/a	75.44
	SO_2 减排量	t/a	0.61
	粉尘减排量	t/a	0.31
系统费效比		元/kWh	0.077
年节约费用		元	161461
静态投资回收期		a	3.54

第 20 章 新疆雪峰科技（集团）股份有限公司办公楼太阳能热水系统

20.1 系统概况

20.1.1 建筑概况

新疆雪峰科技（集团）股份有限公司位于新疆乌鲁木齐市乌鲁木齐县甘沟乡白杨沟村，2015 年 4 月竣工。其办公楼为砖混结构，高 4.1m，建筑面积 578.22m²。

20.1.2 系统形式

太阳能热水系统为太阳能热水间接式集中集热-集中供热系统，于 2015 年由蓝色海洋（北京）太阳能系统设备有限公司完成设计安装。

全日 24h 热水供应，主要由 5 部分组成：集（高性能平板集热器），传（防冻工质），换（换热泵站），贮（贮热水箱），供（热水供应设备），辅助加热（蒸汽加热容积式换热器）。

集热和贮热采用强制循环方式：太阳能热水系统作为前置加热系统为主要的供热单元，容积式换热器用于保障恒温供水和辅助加热，热源来自建筑原有的蒸汽系统。辅助加热设备为蒸汽加热容积式换热器，可以定时、定温、全自动运行，换热器保持原有控制独立，太阳能系统控制独立自动运行。

太阳能贮热水箱内的热水通过热水增压设备进入容积式换热器，当供水温度达到设定值时，可以直接用于洗浴热水供应，当供入容积式换热器温度低于设定值时，容积式换热器启动进行加热。

20.1.3 系统特点

该项目为在既有建筑中增设太阳能热水系统，集热器的支架与原有建筑结构结合较好。采用高性能平板型集热器，将太阳能集热器安装在坡屋面上，采用间接系统，室外部分集热器及管路内都是不冻传热工质，其冰点为 -45℃；其余用水贮水设备全部安装在设备间内，保证系统可高效、稳定、可靠的运行。

20.2 系统设计

20.2.1 设计参数

20.2.1.1 气象参数

年太阳辐照量：水平面 5078.441MJ/m²，40°倾角表面 5748.627MJ/m²；

年日照时数：2662.1h；

年平均温度：6.9℃；

年平均日太阳辐照量：水平面 13.914MJ/m²，倾角表面 15.75MJ/m²。

20.2.1.2　热水设计参数

用水人数：240 人/d；

最高日热水用水定额：120L/(人·d)；

日平均热水用水定额：100 L/(人·d)；

设计热水温度：50℃；

冷水设计温度：10℃。

20.2.1.3　常规能源费用

天然气价格：6 元/m³（压缩天然气槽罐车供气）。

20.2.1.4　太阳集热器类型及尺寸

集热器类型：平板型太阳能集热器；

集热器尺寸：1837mm×1227mm。

20.2.2　热水系统负荷计算

根据甲方提供的设计图纸，要求总用水人数按 240 人考虑，计算结果见下表。

系统设计日用热水量(L/d)	28800
系统平均日用热水量(L/d)	24000
设计小时耗热量(kJ/h)	964684.8
热水循环流量(L/h)	2304
供水管道设计秒流量(L/s)	1.38

20.2.3　太阳能集热系统设计

20.2.3.1　太阳能集热器

太阳能集热器与建筑同方位，朝向正南；与屋面成 40°倾角摆放。根据建筑安装条件，实际设计安装集热器 140 块，集热器面积为 315m²，可以满足用户用热需求（见图 20-1）。

图 20-1　集热器安装效果图

考虑到冬季热水需求量较小，遮挡计算选择在 11 月 15 日，则选择 11 月 15 日的 10：00～14：00 计算；

$$S = H \cdot \mathrm{ctg}h \cdot \cos\gamma_0$$

式中　S——日照间距 2289mm，设计间距 2400mm，满足要求；

　　　H——前方障碍物的高度 1173mm；

　　　h——计算时刻的太阳高度角；

　　　γ_0——计算时刻太阳光线在水平面上的投影线与集热器表面法线在水平面上的投影线之间的夹角；

根据项目采用集热器倾角及安装高度，得到最少的间距应为 2289m，实际安装间距为 2400mm。

20.2.3.2　防冻防过热措施

（1）防冻

该系统采用间接系统，集热器及集热管路系统传热工质为防冻液，其设计冰点为 $-45℃$，每年定期进行检查，如冰点高于设计冰点 $5℃$，则必须及时补充或更换。

（2）过热防护

该项目利用膨胀罐吸收集热系统过热时的膨胀量。根据计算结果，该项目选用的膨胀罐容积为 150L，实际运行过程中（包括闷晒）系统最高工作压力始终低于 0.4MPa。

20.2.3.3　建筑防雷防风设计

（1）防雷系统

由于系统整体为钢结构，是良好的导体，将钢架与建筑原有避雷系统连接。太阳能热水系统的防雷采用等电位法，即：支架的焊接长度不应小于圆钢直径的 6 倍，用不小于 $\phi12$ 的镀锌圆钢作防雷引下线与屋顶避雷系统做可靠连接；将系统中水管与水管、水管与水箱间的连接处用不小于 $\phi12$ 的镀锌圆钢跨接后相焊接，焊接长度不小于圆钢直径的 6 倍，再与房屋天面避雷网做可靠连接。

（2）防风处理

为保证太阳能在大风天的正常使用，需要做好防风处理，在安装时做好集热器在屋顶生根，集热器安装支架之间采用槽钢连接并加强。

20.2.3.4　控制系统设计

（1）信号输入

T_1：集热器温度（类型：PT1000）；

T_2：储热水箱底部温度（类型：NTC10k 3950）；

T_3：储热水箱顶部温度（类型：NTC10k 3950）；

L_1：储热水箱液位测量。

（2）控制输出

P_1：集热、储热循环泵。

（3）逻辑判断

1）集热循环部分

输入：T_1，T_2，T_3，T_4；

输出：P_1；

温差循环：控制器判断 T_1 与 T_2 的温差值，当满足要求的条件时，启动相应的循环泵。

最高温度保护：T_3 设置最高温度保护，范围 60～95℃，当 T_3 最高温度达到设定保护温度时，集热循环和辅助加热停止。

2) 辅助加热控制

输入：T_3。

可以手动也可自动控制，详细控制过程见说明书

（4）供水控制

采用变频全自动独立控制，内置缺水保护，流量延时停机。

20.2.4　与建筑结合的节点设计

该项目为在既有建筑上增设太阳能热水系统，集热器通过 10♯槽钢与建筑主体结构链接（见图 20-2 和图 20-3）。

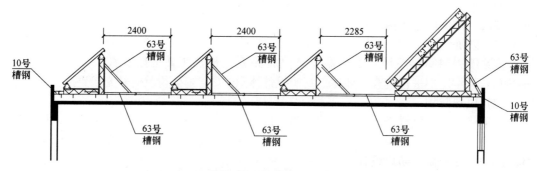

图 20-2　集热器支架与建筑结合的做法示意图

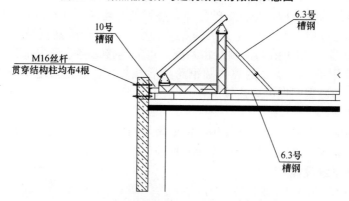

图 20-3　集热器支架与建筑结合节点图

20.3　设备选型

20.3.1　贮热水箱

该项目日热水需求为 28800L/d，容积式换热器容积为 5m³，综合考虑后，确定贮热水箱容积为 25m³。

20.3.2　集热系统循环泵

按每块集热器的流量为 90L/h 计算，设计每个单元为一个集热系统独立运行，配置集热器 142 块，则系统流量为 12780L/h，此流量即为集热循环系统循环泵的流量。扬程考虑沿程损

失、局部损失等，循环泵选择威乐 PH1500Q，额定流量为 15960L/h，额定扬程为 15m。

20.3.3　热水系统循环泵

贮热循环泵循环流量与集热循环泵流量相等，为 12780L/h，循环泵考虑循环水量通过配水管和回水管的水头损失，选择威乐 PH253E，额定流量为 11400L/h，额定扬程为 4m。

20.3.4　热水增压水泵

该项目用水点较多，采用变频恒压供水系统，使系统管路内的压力均衡，当洗浴点减少、用水量小时，随着管路压力达到设定压力，水泵转速降低，节约电能减少水泵磨损，提高水泵使用年限。

该工程选用威乐变频增压泵型号 COR-1MHI1604，最大扬程为 48m，最大流量为 25980L/h；扬程为 30m 时，流量为 18000m³/h。

20.3.5　控制系统

(1) 主要功能
1) 集热器系统采用温差循环控制；
2) 辅助加热可以定温定时加热；
3) 集热系统和贮热水箱过热保护功能；
4) 用水管道恒温控制；
5) 断电记忆功能。

(2) 控制器参数（见表 20-1）

控制器参数　　　　　　　　　　　　　　　　表 20-1

	序号	信号名称	参数型号
输入	1	T_1(集热器)	PT1000
	2	T_2(水箱底部)	NTC 10K　B＝3950
	3	T_3(水箱顶部)	NTC 10K　B＝3950
	4	T_4(用水端)	NTC 10K　B＝3950
	5	L(液位)	电极式
	6	电源	AC220V　16A
输出	1	集热循环泵	9A AC220V
	2	储热循环泵	9A AC220V
	3	辅助加热	9A AC220V

20.3.6　辅助能源

辅助能源为蒸汽加热的容积式换热器，为项目原有，技术参数见表 20-2。

辅助能源技术参数　　　　　　　　　　　　表 20-2

项　　目	管程	壳程
工作压力(MPa)	0.7	0.9
工作温度(℃)	170	95
设计压力(MPa)	0.7	1.0
设计温度(℃)	170	95
物料名称	饱和蒸汽	水
换热面积(m²)	7.0	
总容积(m³)	5.0	

20.4　项目图纸

20.4.1　系统原理图（见图 20-4）

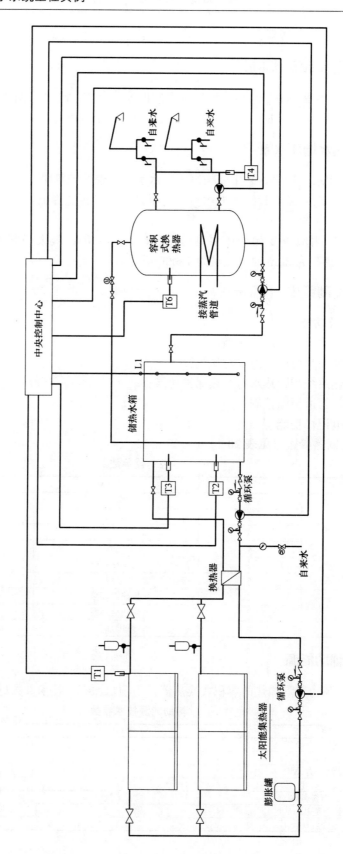

图 20-4　系统原理图

20.4.2　集热器平面布置图（见图 20-5）

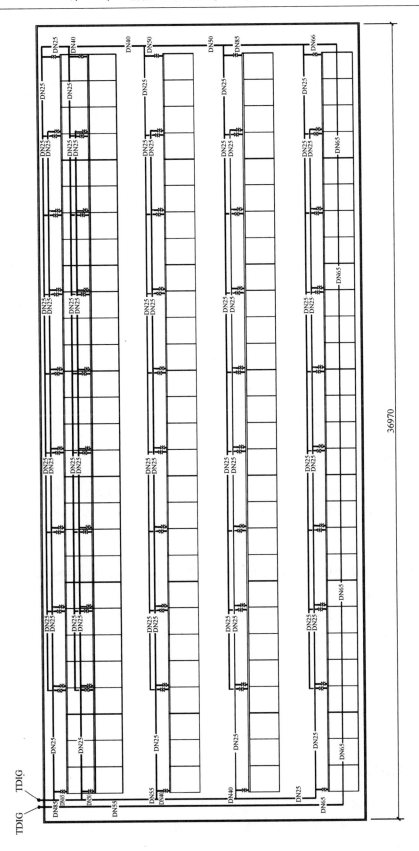

图 20-5　集热器平面布置图

第21章 北京水文地质系统地质大队地质大厦太阳能热水系统

21.1 系统概况

21.1.1 建筑概况

北京市水文地质工程地质大队地质大厦于 2007 年 5 月竣工,总建筑面积 19896m²,建筑高度 32.3m。

21.1.2 系统形式

系统形式为太阳能热水间接式集中集热-集中供热系统,于 2013 年由蓝色海洋(北京)太阳能系统设备有限公司完成太阳能热水系统更新,实现全日 24h 生活热水和预热开水供应,主要由 5 部分组成:集(高性能平板集热器),传(防冻工质),换(换热泵站),贮(贮热水箱),供(热水供应设备)组成。

21.1.3 系统特点

该项目为既有建筑增设太阳能热水系统,利用屋面原有钢结构,将集热器支架焊接在钢结构构件上,并作防腐处理。

采用高性能平板型集热器,将太阳能集热器安装在坡屋面上,采用间接系统,室外部分集热器及管路内都是不冻传热工质,其冰点为 −35℃,不存在冻堵问题。

生活热水直接从贮热水箱内供应,开水预热采用板式换热器过流加热,拒绝军团菌,水质新鲜、零污染。

饮用水管道全部采用铜管,保证水质清洁无污染。

系统采用变频恒压供水装置,确保系统供水压力稳定。

系统安装紧凑,用水贮水设备全部安装在设备间内,保证系统可高效、稳定、可靠地运行。

21.2 系统设计

21.2.1 设计参数

21.2.1.1 气象参数

年太阳辐照量:水平面 5178.754MJ/m²,倾角表面 5844.4MJ/m²;

年日照时数：2755.5h；

年平均温度：12.9℃；

年平均日太阳辐照量：水平面 14.188MJ/m²，倾角表面 16.012MJ/m²。

21.2.1.2　热水设计参数

洗浴用水人数 50 人，人均用水定额：90L/(人·d)；

开水饮用水人数 300 人，日均饮用水量为 2L/(人·d)；

设计热水温度：50℃；

冷水设计温度：10℃。

21.2.1.3　常规能源费用

电价格：0.8 元/kWh。

21.2.1.4　太阳集热器类型及尺寸

集热器类型：平板型太阳能集热器；

集热器尺寸：1837mm×1227mm。

21.2.2　热水系统负荷计算

热水系统负荷计算结果见下表，用户数为 50 人，饮水人数为 300 人。

系统设计日用热水量(L/d)	10200
系统平均日用热水量(L/d)	5100
设计小时耗热量(kJ/h)	753660
热水循环流量(L/h)	1800
供水管道设计秒流量(L/s)	1.82

21.2.3　太阳能集热系统设计

21.2.3.1　太阳能集热器的定位

太阳能集热器与建筑同方位，朝向正南；与屋面成 40°倾角摆放。受安装位置限制，该项目共安装了 36 块集热器，集热系统采光面积为 75.49m²。

21.2.3.2　防冻防过热措施

(1) 防冻

采用间接系统，集热器及集热管路系统内传热工质为防冻液，设计冰点−35℃，每年定期进行检查，如冰点高于设计冰点 5℃，则必须及时补充或更换。

(2) 过热防护

该项目利用膨胀罐吸收集热系统过热时的膨胀量。根据计算结果，该项目选用的膨胀罐容积为 35L，实际运行过程中（包括闷晒）系统最高工作压力始终低于 0.4MPa。

21.2.3.3　建筑防雷防风设计

(1) 防雷系统

该项目为改造项目，系统整体为钢结构，是良好的导体，将钢架与建筑原有避雷系统连接。太阳能热水系统的防雷采用等电位法，即：支架的焊接长度不应小于圆钢直径的 6 倍，用不小于 φ12 的镀锌圆钢作防雷引下线与屋顶避雷系统做可靠连接；将系统中水管与水管、水管与水箱间的连接处用不小于 φ12 的镀锌圆钢跨接后相焊接，焊接长度不小于圆钢直径的 6 倍，再与房屋天面避雷网做可靠连接。

(2) 防风处理

为保证太阳能在大风天的正常使用，需要做好防风处理，在安装时做好集热器支架的基础在屋顶生根，集热器安装支架之间采用槽钢连接并加强。

21.2.3.4　控制系统设计

(1) 信号输入

T_1：集热器温度（类型：PT1000）；

T_2：储热水箱底部温度（类型：NTC10k 3950）；

T_3：储热水箱顶部温度（类型：NTC10k 3950）；

L_1：储热水箱液位测量。

(2) 控制输出

P_1：集热、储热循环泵。

(3) 逻辑判断

1）集热循环部分

输入：T_1，T_2，T_3；

输出：P_1。

温差循环：控制器判断 T_1 与 T_2 的温差值，当满足要求的条件时，启动相应的循环泵。

最高温度保护：T_3 设置最高温度保护，范围 60～95℃，当 T_3 最高温度达到设定保护温度时，集热循环和辅助加热停止。

2）辅助加热控制

输入：T_3。

可以手动也可自动控制。

(4) 供水控制

采用变频全自动独立控制，内置缺水保护，流量延时停机。

21.2.4　与建筑结合的节点设计

该项目为既有建筑增设太阳能热水系统，集热器安装在屋面上，利用屋面现有钢结构，将集热器支架焊接在上边，并作防腐处理（见图 21-1 和图 21-2）。

图 21-1　集热器支架与屋面结合

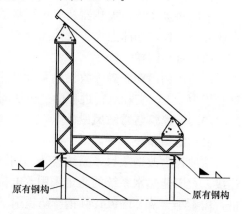

原有钢构　　　原有钢构

图 21-2　集热器支架与建筑固定结合节点图

21.3　设备选型

21.3.1　贮热水箱

由于受安装条件限制，可安装集热器数量为36块，日热水需求为5100L/d，综合考虑储热水箱两台，3m³ 和 2m³。

21.3.2　集热系统循环泵

按每块集热器的流量为90L/h计算，设计每个单元为一个集热系统独立运行，配置集热器36块，则系统流量为3240L/h，此流量即为集热循环系统循环泵的流量。扬程考虑沿程损失、局部损失等，循环泵选择格兰富CM5-5，额定流量为4500L/h，额定扬程为14.5m。

21.3.3　热水系统循环泵

贮热循环泵循环流量与集热循环泵流量相同，为3240L/h。考虑循环水量由于贮热水箱放置在地下室，扬程考虑沿程损失、局部损失等，循环泵选择格兰富CM5-5，额定流量为4500L/h，额定扬程为36.4m。

21.3.4　热水增压水泵

该项目用水点较多，采用变频恒压供水系统，使系统管路内的压力均衡。当洗浴点减少、用水量小时，随着管路压力达到设定压力，水泵转速降低，节约电能，减少水泵磨损，提高水泵使用年限。

该工程选用格兰富增压泵，型号CM3-6，最大扬程44m，最大流量3000L/h。

21.3.5　控制系统

(1) 主要功能：
1) 集热器系统采用温差循环控制；
2) 辅助加热可以定温定时加热；
3) 集热系统和贮热水箱过热保护功能；
4) 用水管道恒温控制；
5) 断电记忆功能。
(2) 控制器参数（见表21-1）

控制器参数　　　　　　　　　　　　　　　　　　　表21-1

	序号	信号名称	参数型号
输入	1	T_1（集热器）	PT1000
	2	T_2（水箱底部）	NTC 10K　B=3950
	3	T_3（水箱顶部）	NTC 10K　B=3950
	4	T_4（用水端）	NTC 10K　B=3950

	序号	信号名称	参数型号
输入	5	L(液位)	电极式
	6	电源	AC220V　16A
输出	1	集热循环泵	9A AC220V
	2	储热循环泵	9A AC220V
	3	辅助加热	9A AC220V

21.4　项目图纸

21.4.1　系统原理图（见图21-3）

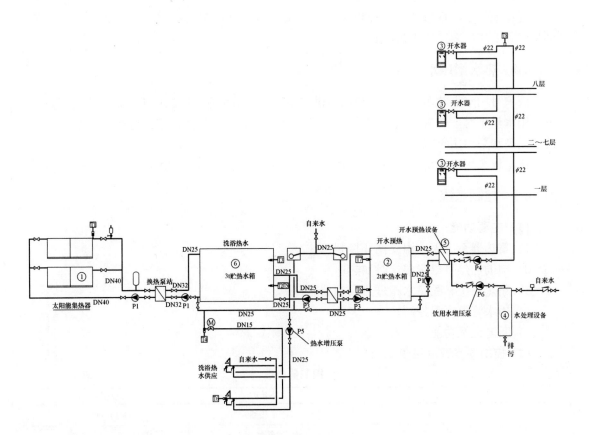

图 21-3　系统原理图

21.4.2 集热器平面布置图（见图 21-4）

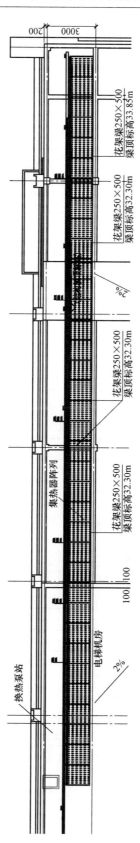

图 21-4 集热器平面布置图

21.5　系统实际使用效果检测

2015 年 9 月 23～27 日对该系统进行了测试，测试期间室外空气平均温度为 23.8～25.5℃，贮热水箱热损系数为 9.37W/(m³·K)。具体检测结果见表 21-2。

检测结果　　　　　　　　　　　　　　　　　　　　　　　表 21-2

序号	环境温度 (℃)	太阳辐照量 (MJ/m²)	平均每户 系统得热量 (MJ)	系统常规热 源耗能量 (MJ)	集热系 统效率 (%)	太阳能 保证率 (%)
1	25.5	8.7	4.14	521.36	47.6	39
2	24.3	13.5	7.44	254.28	55.1	70
3	23.8	19.6	11.09	0.00	56.6	100
4	24.8	4.2	1.16	762.90	27.6	11

21.6　系统节能环保效益分析

根据现行国家标准《可再生能源建筑应用工程评价标准》GB/T 50801 的规定，结合测试数据得出该项目的节能环保效益如表 21-3 所示。

节能环保效益　　　　　　　　　　　　　　　　　　　　　表 21-3

项　　目		单位	数值
全年保证率		%	63.9
集热系统效率		%	48.6
全年常规能源替代量		tce/a	8.52
环保效果	CO_2减排量	t/a	21.06
	SO_2减排量	t/a	0.17
	粉尘减排量	t/a	0.085
系统费效比		元/kWh	0.123
年节约费用		元	55520
静态投资回收期		a	5.1

第 22 章 河北益民股份太阳能季节蓄热供热系统

22.1 工程概况

22.1.1 建筑概况

河北益民股份太阳能季节蓄热供热工程位于河北省沧州市南皮县，总建筑面积4.2万 m²，采用太阳能集中式供热水系统为职工宿舍提供生活热水。当太阳能热水系统的热量满足供生活热水需求时，剩余的热量通过板式换热器贮存到土壤源热泵系统中进行蓄热，提升土壤源热泵系统中土壤的温度。

22.1.2 系统形式

该工程的太阳能热水系统形式为集中集热-集中供热、强制循环系统，于2013年由北京四季沐歌太阳能技术集团有限公司完成设计安装。

采用横双排全玻璃真空管型太阳能集热器，太阳能集热器的规格为 ϕ58mm $\times$ 1800mm $\times$ 50 支，太阳能集热器总面积为 619.85m²，总轮廓采光面积为 538.23m²，太阳能集热器安装在屋顶屋面钢架上，安装倾角为 10°，太阳能热水系统配置 1 个 4m³ 集热水箱和 1 个 25m³ 贮热水箱，水箱的保温材料均为 50mm 厚的聚氨酯，系统辅助热源为土壤源热泵系统，日照不足及阴雨天气时保证热水供应。太阳能热水系统设计要求为：为用户每天提供 55℃生活热水 20m³。

22.1.3 系统特点

22.1.3.1 系统设计特点

系统设计采用优先使用太阳能的原则，全自动控制，无需人员操作；各类阀门、设备安装便于拆卸与检修。非供暖季，太阳能供给生活热水，并且将剩余能量通过板式换热器间接由地埋管向土壤蓄热，以提高冬季热泵机组的 COP，用于供暖季的供暖，最大化利用太阳能。

系统运行原理为：太阳能集热器收集的热量贮存在集热水箱，当集热水箱与贮热水箱的水温相差 5℃时，启动水箱间循环泵，将集热水箱的热量传递到贮热水箱，周而复始，使贮热水箱的水温升高，达到用户所需的温度。

当贮热水箱的水温大于 50℃时，系统自动开启蓄热循环泵和地埋管循环泵，通过板式换热器，将贮热水箱的热量贮存到土壤源热泵系统中进行蓄热，提升土壤源热泵系统中土壤的温度，当贮热水箱的水温低于 45℃时，系统自动停止蓄热循环泵。

22.1.3.2　太阳能集热器性能参数及特点

对于太阳能热水系统工程，主要是真空管的吸热效率、水箱保温性能、支架的整体结构及长久牢固性、外形美观大方以及控制系统的可靠性等。该工程采用了科技含量高、选材精良、使用寿命长、安全方便、经济环保设计方案，其特点及相关参数如表 22-1 和表 22-2 所示。

该工程的特点　　　　　　　　　　　　　　　　表 22-1

序号	产品	特点及选材用料
1	集热器联箱外壳	采用优质进口防腐彩钢板,色彩艳丽,充分显示个性,稳健美观、防腐防锈。材料厚度达 0.45mm
2	集热器联箱内胆	采用进口 SUS304-2B 食品级不锈钢材料,安全卫生(一般产品选用普通不锈钢板材);材料厚度达 0.5mm,采用氩弧自熔对接焊工艺
3	联集水箱保温	保温效果好;采用进口聚氨酯在恒温下机械发泡一次成型,保温效果优良。联箱内外胆之间采用进口聚氨酯整体机械发泡保温,厚度 50mm,密度要求 35～40m³/kg
4	真空管	依托北京大学新能源中心,采用三靶镀膜技术生产的不锈钢——氮化铝双层陶瓷镀膜全玻璃真空集热管,与普通真空集热管相比,具有高温(高温管可高达 380℃)、高效(热吸收比可达 0.92)、低热损的优点。在此技术上研发成功的四季沐歌"三芯"管、"航天管",将高温高效与热水快速输出完美结合,使四季沐歌太阳能热水器达到了太阳能行业热利用的新高峰; 可承受压力 0.6MPa 以上,能够承受 0℃ 以下冷水与 92.6℃ 以上热水交替反复冲击 3 次;承受直径在 25mm 及以下冰雹从 4m 高出自由下落至真空管表面完好无损
5	支架	针对具体建筑形式设计合理,模块型工程集热器采用热镀锌角钢支架,稳健牢固,更耐腐蚀、抗强风冲击、适应各种气候条件。可根据现场情况调整角度
6	密封圈	采用优质硅橡胶,弹性好、密封性强、耐高温、耐老化、寿命长
7	底托	由彩钢板折弯而成,制作精巧、稳固

真空管参数　　　　　　　　　　　　　　　　表 22-2

真空管规格	$\phi 58 \times 1800$mm
真空度	$\leqslant 5 \times 10^{-4}$Pa
材质	热膨胀系数为 3.3 的高硼硅特硬玻璃
热吸收比 α	92%
半球发射比 ε	4%
空晒温度	380℃
闷晒太阳曝辐量 Y	266m² · ℃/kW
平均热损系数 U_{LT}	0.58
透光率	0.902Am²
有效集热面积	0.189m²

22.2　系统设计

22.2.1　设计参数

22.2.1.1　气象参数

根据《太阳能集中热水系统选用与安装》06SS128 附录一中的主要城市各月设计用气

象参数表，气象参数参照临近城市——天津。

  （1）年太阳辐照量：5584.48MJ/m²；

  （2）年日照时数：2938.6h；

  （3）年平均温度：12.3℃。

22.2.1.2　热水设计参数

  最高日热水用水定额：100L/(人·d)；

  平均日热水用水定额：55L/(人·d)；

  设计热水温度：55℃；

  冷水设计温度：15℃。

22.2.1.3　常规能源费用

  天然气价格：3.52元/m³。

22.2.1.4　太阳集热器类型及尺寸

  集热器类型：全玻璃真空管型太阳能集热器；

  集热器尺寸：ϕ58(mm)×1800(mm)×50(根)。

22.2.2　热水系统负荷计算

  热水系统负荷计算结果见下表，根据该公司实际情况，总用水人数按360人考虑。

系统设计日用热水量(L/d)	36000
系统平均日用热水量(L/d)	19800
设计小时耗热量(kJ/h)	1004880
热水循环流量(L/h)	2400
供水管道设计秒流量(L/s)	3.01

22.2.3　太阳能集热系统设计

22.2.3.1　太阳能集热器

  太阳能集热器与建筑同方位，朝向正南；与屋面成10°倾角摆放。该工程集热器平铺于建筑楼顶，无遮挡且一排摆放，因此无需计算前后排间距。

  已知单组真空管型集热器的集热面积为8.4m²，所以为保证生活用水，所需集热器ϕ58×1800-50为45组。同时考虑到供暖季的供暖所需热量和实际情况，设计采用四季沐歌牌真空管型集热器，横管式ϕ58×1800-50×5集热器4组，横管式ϕ58×1800-50×2集热器4组，横管式ϕ58×1800-50×6集热器8组，集热器总面积为641.44m²。

22.2.3.2　建筑防风设计

  太阳能集热器安装固定需制作基础，太阳能集热器基础制作需根据现场情况确定，安装太阳能集热器后，至少满足能抗10级风载荷。

22.2.3.3　控制系统设计

  （1）集热温差循环：集热器顶部温度传感器T_1（T_{1-1}，T_{1-2}，T_{1-3}，T_{1-4}）分别与保温水箱温度传感器T_2比较，当二者之差T_1-T_2≥温差循环起始温度（默认8℃）时，对应的循环泵P_1启动，进行集热温差循环；当T_1-T_2≤温差循环停止温度（默认3℃）

时，相应的循环泵关闭，停止循环。

（2）保温水箱自动补水：当保温水箱水位小于水位设定下限值时，补水阀 E_1 自动启动；将缓冲水乡的热水顶入保温水箱，当保温水箱水位大于水位设定上限值后，电动阀 E_1 关闭，停止补水。

（3）系统蓄热：非供暖（制冷）季：保温水箱内温度 T_4 超过设定温度（可调）上限 5℃时，循环泵 P_3 启动，通过板换换热间接由地埋管向土壤中蓄热，低于水箱设定温度 5℃（可调）时，循环泵 P_3 关闭，系统停止蓄热。

（4）辅助加热：在冬季供暖期的阴雨雪天气等阳光不足时，保温水箱温度低于设定温度 5℃时，循环泵 P_4 和电动阀 E_2 同时启动，由板式换热器以供暖热水为热媒对保温水箱加热。

（5）防冻循环：当集热循环管道温度传感器温度 T_3（T_{3-1}，T_{3-2}，T_{3-3}，T_{3-4}）低于 3℃时，循环泵 P_1 启动，进行防冻循环，当 T_3 高于 5℃时，防冻循环停止。

22.2.4　与建筑结合的节点设计（见图 22-1 和图 22-2）

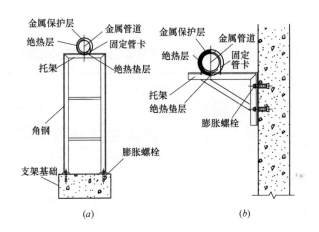

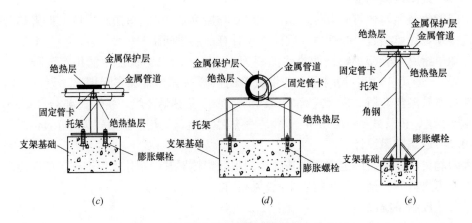

图 22-1　安装节点图

（a）Ⅱ型钢支架管道固定（一）；（b）墙体管道固定；（c）Ⅰ型钢支架管道固定（一）；
（d）Ⅰ型钢支架管道固定（二）；（e）Ⅱ型钢支架管道固定（二）

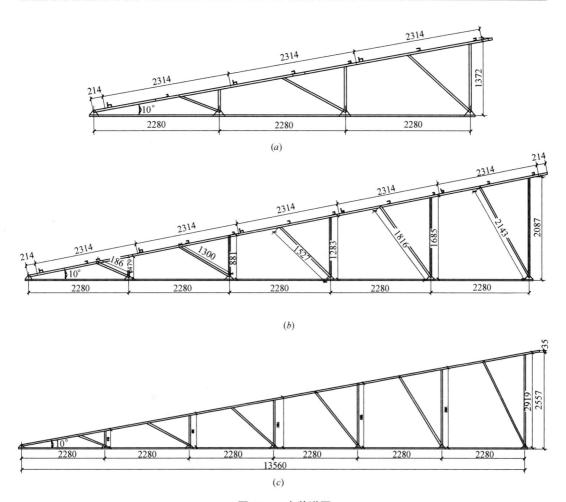

图 22-2　安装详图

（a）三层 10°安装；（b）五层 10°安装；（c）六层 10°安装

22.3　设备选型

22.3.1　集热器

该工程选用四季沐歌牌全玻璃型真空管集热器。单组集热面积为 8.4m²，可以保证系统所需用热水量。系统除保证热水供应以外，还能够将非供暖季的剩余热量通过土壤蓄热，在供暖季用于建筑物供暖，充分利用太阳能。

22.3.2　水泵

根据楼顶的布置情况，将太阳能集热系统分为独立的 4 个温差循环系统。

系统一：横管式 $\phi58\times1800-50\times2$ 集热器 4 台，循环流量 $q_x=0.899$L/s≈3.24t/h，主管径 $d_j=30.9$mm，选择管径 DN32，热水泵 PH-123EH 。

系统二和系统三：横管式 $\phi58\times1800-50\times6$ 集热器 4 台，循环流量 $q_x=2.698$L/s$\approx$

181

9.71t/h，主管径 d_j＝53.5mm，选择管径 DN50，热水泵 PH-403EH 。

系统四：横管式 $\phi58\times1800-50\times5$ 集热器 4 台，循环流量 q_x＝2.248L/s≈8.09t/h，主管径 d_j＝48.8mm，选择管径 DN50，热水泵 PH-403EH 。

22.3.3　其他管道配件

根据计算结果及实际工程经验，该工程管道保温采用 40mm 厚橡塑保温。

22.4　项目图纸

系统原理图如图 22-3 和图 22-4 所示。

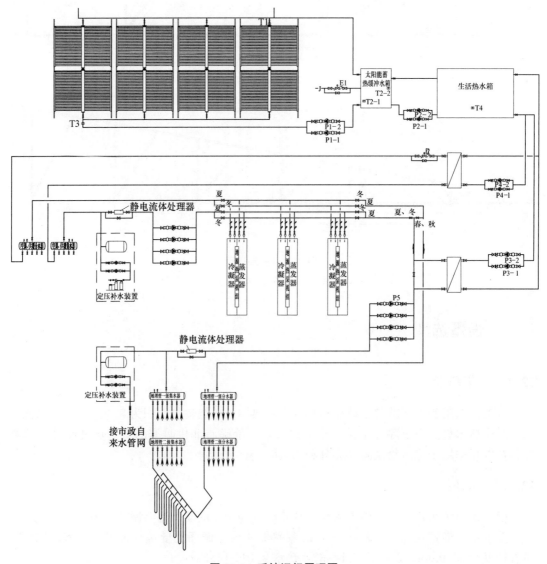

图 22-3　系统运行原理图

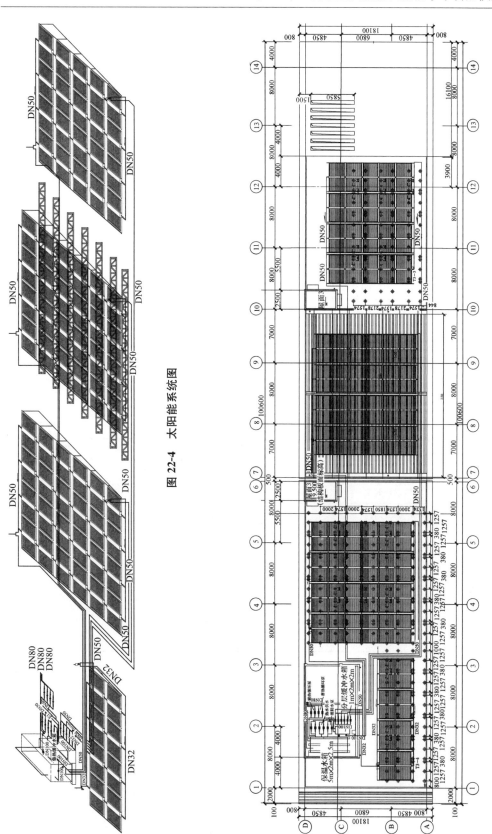

图 22-4　太阳能系统图

图 22-5　集热器平面布置图

22.5　系统实际使用效果检测

2016 年 1 月 25～28 日国家太阳能热水器质量监督检验中心（北京）对该系统进行了测试，贮热水箱热损系数为 11.7W/(m³ · K)。具体检测结果见表 22-3。

检测结果　　　　　　　　　　　　　　　　　　表 22-3

序号	环境温度 （℃）	太阳辐照量 （MJ/m²）	平均每户 系统得热量 （MJ）	系统常规热 源耗能量 （MJ）	集热系 统效率 （%）	太阳能 保证率 （%）
1	−3.2	16.52	4241.5	0	47.7	100
2	−2.8	14.83	3983.4	0	49.9	100
3	−1.1	11.54	2545.1	804.5	41.0	76.0
4	−0.3	6.38	1234.8	2114.8	36.0	36.9

22.6　系统节能环保效益分析

根据现行国家标准《可再生能源建筑应用工程评价标准》GB/T 50801 的规定，结合测试数据得出该项目的节能环保效益，如表 22-4 所示。

节能环保效益　　　　　　　　　　　　　　　　表 22-4

项　　目		单位	数值
全年保证率		%	81.6
集热系统效率		%	44.2
全年常规能源替代量		tce/a	127.5
环保效果	CO_2 减排量	t/a	314.9
	SO_2 减排量	t/a	2.55
	粉尘减排量	t/a	1.28
系统费效比		元/kWh	0.040
年节约费用		元	498978
静态投资回收期		a	1.4

第 3 部分

总结与展望

第23章 太阳能热水系统工程实例分析

本书第2部分的18个太阳能热水系统工程实例基本信息汇总见表23-1和表23-2。本章对这些工程实例的地域分布、系统形式、集热器类型、实际应用效果等情况进行了汇总分析，并在此基础上总结了太阳能热水系统建筑应用的发展现状以及未来的发展展望。

23.1 太阳能热水系统工程实例地域分布

本书中的18个太阳能热水系统工程实例分布在北京、安徽、河北、山东、江苏、浙江、海南、新疆、宁夏9个省份，涵盖了严寒、寒冷、夏热冬冷、夏热冬暖等气候区，以及太阳能资源丰富区、较富区，具有一定的代表性。

目前我国东部沿海地区（黑龙江、吉林、辽宁、北京、天津、河北、山东、江苏、上海、安徽、浙江、福建、广东及海南等）和中部地区（宁夏、云南及湖北等）等均出台了安装太阳能热水系统的强制规定，促进了这些地区太阳能热水系统的发展和应用。

项目信息汇总表　　　　　　　　　　　　　　　　　　　表 23-1

序号	项目名称	生产安装企业	建筑类型	新建/改造	地点	
1	山东东营农业高新技术产业示范区职工保障性住房太阳能热水系统	北京四季沐歌太阳能技术集团有限公司	住宅建筑	新建	山东	东营
2	北京西北旺镇六里屯定向安置房太阳能热水系统	北京海林节能设备股份有限公司	住宅建筑	新建	北京	海淀
3	安徽芜湖峨桥安置小区阳台壁挂太阳能热水系统	芜湖贝斯特新能源开发有限公司	住宅建筑	新建	安徽	芜湖
4	北京苏家坨镇前沙涧定向安置房太阳能热水系统	东晨阳光（北京）太阳能科技有限公司	住宅建筑	新建	北京	海淀
5	安徽合肥中海岭湖墅太阳能热水系统	芜湖贝斯特新能源开发有限公司	住宅建筑	新建	安徽	合肥
6	浙江宁波东方丽都太阳能热水系统	北京四季沐歌太阳能技术集团有限公司	住宅建筑	新建	浙江	宁波
7	北京永顺镇居住项目住宅楼太阳能热水系统	北京海林节能设备股份有限公司	住宅建筑	新建	北京	通州
8	安徽芜湖中央城Cb号楼太阳能热水系统	芜湖贝斯特新能源开发有限公司	住宅建筑	新建	安徽	芜湖
9	北京金融街融汇太阳能热水系统	天普新能源科技有限公司	住宅建筑	新建	北京	大兴
10	北京万年基业太阳能热水系统	山东力诺瑞特新能源有限公司	住宅建筑	新建	北京	通州
11	宁夏银川中房·东城人家二、三期住宅太阳能热水系统	北京创意博能源科技有限公司	住宅建筑	新建	宁夏	银川

续表

序号	项目名称	生产安装企业	建筑类型	新建/改造	地点	
12	海南三亚国光酒店太阳能热水系统	山东力诺瑞特新能源有限公司	宾馆建筑	新建	海南	三亚
13	无锡太湖国际博览中心君来世尊酒店太阳能热水系统	北京四季沐歌太阳能技术集团有限公司	宾馆建筑	新建	江苏	无锡
14	北京中粮营养健康研究院行政中心楼太阳能热水系统	北京海林节能设备股份有限公司	办公建筑	新建	北京	昌平
15	北京邮电大学沙河校区一期太阳能热水系统	北京索乐阳光能源科技有限公司	宿舍建筑	新建	北京	昌平
16	新疆雪峰科技(集团)股份有限公司办公楼太阳能热水系统	蓝色海洋(北京)太阳能系统设备有限公司	办公建筑	改造	新疆	乌鲁木齐
17	北京水文地质系统地质大队地质大厦太阳能热水系统	蓝色海洋(北京)太阳能系统设备有限公司	办公建筑	改造	北京	海淀
18	河北益民股份太阳能季节蓄热供热系统	北京四季沐歌太阳能技术集团有限公司	办公建筑	新建	河北	沧州

项目信息汇总表　　　　表23-2

序号	项目名称	太阳能热水系统类型	太阳能集热器类型	辅助能源类型
1	山东东营农业高新技术产业示范区职工保障性住房太阳能热水系统	分散式	平板型太阳能集热器	电加热
2	北京西北旺镇六里屯定向安置房太阳能热水系统	分散式	平板型太阳能集热器	燃气壁挂炉
3	安徽芜湖峨桥安置小区阳台壁挂太阳能热水系统	分散式	平板型太阳能集热器	电加热
4	北京苏家坨镇前沙涧定向安置房太阳能热水系统	分散式	集热蓄热一体的真空管太阳能集热器	燃气壁挂炉
5	安徽合肥中海岭湖墅太阳能热水系统	分散式	平板型太阳能集热器	电加热
6	浙江宁波东方丽都太阳能热水系统	集中-分散	联集管式太阳能集热器	电加热
7	北京永顺镇居住项目住宅楼太阳能热水系统	集中-分散	平板型太阳能集热器	电加热
8	安徽芜湖中央城Cb号楼太阳能热水系统	集中-分散	联集管式太阳能集热器	电加热
9	北京金融街融汇太阳能热水系统	集中-分散	联集管式太阳能集热器	电加热
10	北京万年基业太阳能热水系统	集中-分散	联集管式太阳能集热器	电加热
11	宁夏银川中房·东城人家二、三期住宅太阳能热水系统	集中-分散	联集管式太阳能集热器	电加热
12	海南三亚国光酒店太阳能热水系统	集中式	联集管式太阳能集热器	燃气热水炉

续表

序号	项目名称	太阳能热水系统类型	太阳能集热器类型	辅助能源类型
13	无锡太湖国际博览中心君来世尊酒店太阳能热水系统	集中式	平板型太阳能集热器	蒸汽
14	北京中粮营养健康研究院行政中心楼太阳能热水系统	集中式	平板型太阳能集热器	电热水器
15	北京邮电大学沙河校区一期太阳能热水系统	集中式	集热蓄热一体的真空管太阳能集热器	市政热水
16	新疆雪峰科技(集团)股份有限公司办公楼太阳能热水系统	集中式	平板型太阳能集热器	蒸汽
17	北京水文地质系统地质大队地质大厦太阳能热水系统	集中式	平板型太阳能集热器	电加热
18	河北益民股份太阳能季节蓄热供热系统	集中式	联集管式太阳能集热器	地源热泵

23.2　建筑类型分布

本书中的 18 个太阳能热水系统工程实例涵盖了住宅建筑、宾馆建筑、办公建筑及学校的宿舍建筑等适于应用太阳能热水系统的主要建筑类型，其中以住宅建筑为主，共 11 个。详细建筑类型分布如图 23-1 所示。

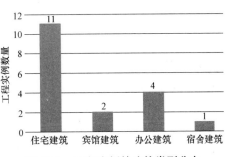

图 23-1　工程实例的建筑类型分布

23.3　系统形式

本书中的太阳能热水系统工程包括 5 个分散集热-分散供热系统、7 个集中集热-集中供热系统、6 个集中集热-分散供热系统，涵盖了主要太阳能热水系统形式，如图 23-2 所示。

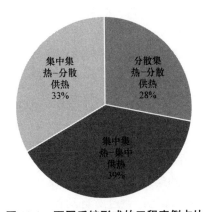

图 23-2　不同系统形式的工程实例占比

23.4　太阳能集热器类型

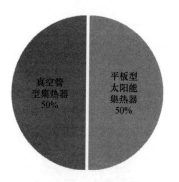

**图 23-3　工程实例的
太阳能集热器类型**

在本书第 1 部分提到，目前在我国普遍应用的太阳能集热器分为两类：平板型太阳能集热器和真空管型太阳能集热器，本书中的太阳能热水系统工程所采用的太阳能集热器类型分布如图 23-3 所示。其中，采用平板型太阳能集热器的工程 9 个，采用真空管型太阳能集热器的工程 9 个。这些工程中采用的真空管型太阳能集热器主要为全玻璃真空管型太阳能集热器，而北京苏家坨镇前沙涧定向安置房太阳能热水系统所采用的为集热蓄热一体的真空管型太阳能集热器，通过增大真空管管径提高集热器的容水量，起到蓄热作用，不再需要单独的水箱。北京邮电大学沙河校区一期太阳能热水系统所采用的集热、贮热一体真空管型太阳能集热器，则通过增大集管的容水量，起到蓄热作用。

23.5　系统设计特点及亮点

通过对以上工程实例进行分析，其在系统设计方面的特点主要有：

（1）与建筑一体化结合较好。工程实例的太阳能热水系统与建筑一体化结合较好，在建筑设计阶段即认真考虑了太阳能集热器的结构安装方案，并做到与建筑同步施工，因而在实现建筑外立面美观的同时，系统和建筑的安全性也得到了充分保障。

（2）系统形式与建筑类型和用水特点有较好的适配性。针对不同的建筑类型和用户，工程实例均选用了相对适合其用水特点和后期运行管理模式的太阳能热水系统形式。对宾馆、宿舍等集中用水、有专业运营机构的用户，采用集中集热-集中供热系统，降低了系统的投资成本；而对住宅等分散用水、由住户自主运行的用户，则采用集中集热-分散供热系统，既方便管理，又可有效化解收取热水费的难题。

（3）全面的太阳能热水系统设计计算。根据工程所在地的气候、太阳能资源条件，以及建筑的形式和使用需求，进行了有针对性的设计，通过太阳能集热器、贮热水箱、辅助能源的合理选型与设计，以及抗风、防雷、防雹、防冻、防过热等多方面的计算，保证系统安全稳定运行，提高了太阳能热水系统的集热效率与全年保证率。

（4）因地制宜，创新设计。部分工程实例为适应项目所在地的实际应用环境，提高运行效果，在太阳能集热器、辅助能源选择、系统形式、运行模式等方面进行了创新设计。主要反映在如下几个方面：

1）新产品的开发应用：工程实例中应用的一批新产品，如经过改进的各类集热、蓄热一体化的真空管型太阳能集热器，降低了投资成本，使系统的运行管理得以简化。

2）建筑一体化方案：通过在高层建筑平屋顶上预设钢结构框架，在钢结构框架上安装太阳能集热器，既实现了良好的建筑一体化效果，又可保证太阳能资源的最大化利用。

3）间接换热方式的自动控制优化：通过对自动控制方案的创新，优化了系统运行方案。例如：使屋顶缓冲贮热水箱提供的热媒每次只与 4 户的供热水箱换热，当用户供热水箱温度升高 5℃后，再自动切换到下一户，从而保证所有用户能得到相同的能量。

4）既有建筑改造系统的安全性保障：在既有建筑上安装改造太阳能热水系统时，对防雷、防风以及不破坏原有屋面结构和防水层等方面，予以充分重视，制定完善的预案，从而有效保证了系统和建筑的安全性。

5）利用季节蓄热提高系统太阳能保证率：在使用地源热泵等其他可再生能源设备作太阳能热水系统的辅助能源时，合理增加太阳能集热器安装面积，通过季节蓄热技术，在提高热水全年太阳能保证率的同时，提高了地源热泵机组冬季供暖的性能系数，实现了对太阳能的最大化利用。

23.6　太阳能热水系统工程实例实际应用效果分析

23.6.1　使用效果

通过对部分太阳能热水系统工程进行现场调研及实际应用效果测试发现，调研的太阳能热水系统的供水温度稳定，可满足用户的用热需求，水压、水量、水质符合相关的标准。总体来看，用户满意度较高。

23.6.2　节能环保效益

对有实际测试结果的 10 个工程的数据进行汇总发现，太阳能集热系统的集热效率主要在 40%～50% 之间（见图 23-4）。太阳能热水系统的全年太阳能保证率主要分布在 50%～80% 之间（见图 23-5）。

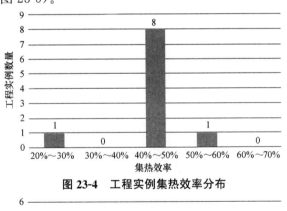

图 23-4　工程实例集热效率分布

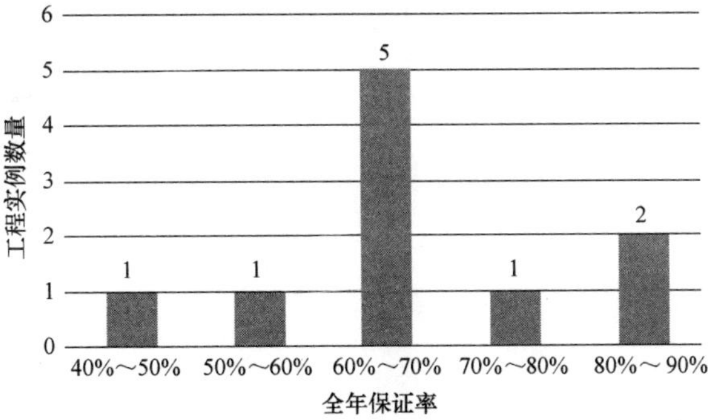

图 23-5　工程实例全年保证率分布

　　10 个工程实例每年可节约常规能源量为 5011.8tce，相当于每年减少 CO_2 排放 12379.2t，减少 SO_2 排放 100.22t，减少粉尘排放 50.13t，节能环保效益显著。

23.6.3　经济性

　　在保证太阳能热水系统实际使用效果和良好节能环保效益的同时，有实际测试数据的 10 个工程实例均具有良好的经济性。10 个工程实例的太阳能热水系统费效比在 0.04~0.29 元/kwh 之间，平均系统费效比为 0.114 元/kwh，静态投资回收期均在 5 年以内。

第 24 章 展　望

24.1　太阳能热水系统建筑应用发展现状

根据国际能源署太阳能供热制冷委员会（IEA-SHC）的统计，中国是世界上最大的太阳能热利用市场，约占世界总份额的 60%。截至 2015 年，我国太阳能集热器保有量达到 4.42 亿 m^2，约合热装机容量 309GWth，其中的绝大部分是用于太阳能热水；但受房地产行业发展放缓的整体形势影响，近两年的增长率下滑；而且太阳能集热器的年产量也是逐年减少，2015 年的产量约为 4350 万 m^2。需要全行业采取措施、积极应对。

2000～2014 年，我国太阳能集热系统累计节约标准煤总量已达 37167 万 t，相当于 10330GWh 电。累计实现减排 SO_2 1201 万 t，烟尘 929 万 t、CO_2 79778 万 t，节能减排效果十分明显。据"中国可再生能源发展战略研究"项目报告，在我国可再生能源中，太阳能热利用产业替代标煤量排在水电之后，居第二位，占比 13.7%。

太阳能热水系统作为目前最主要的太阳能热利用方式，特别是在各地发布实施各类太阳能热水系统的强制安装政策后，其工程应用在我国得到了蓬勃发展。通过对以上太阳能热水系统工程实例的分析可以看出：我国大部分地区，包括严寒、寒冷、夏热冬冷、夏热冬暖等气候区，都有实际应用效果很好的太阳能热水系统。同时，太阳能热水系统对各类有生活热水需求的居住和公共建筑均有很强的适用性。因此，实践证明，无论从地域分布，还是从建筑类型来看，太阳能热水都是一项应用十分广泛的成熟技术。

各地已建成的各类太阳能热水工程，凡应用效果较好的，均是在规划设计阶段就能依据工程所在地的气候、太阳能资源条件，针对建筑物类型和实际热水需求特点，进行太阳能热水系统的优化设计和主要部件的合理选型，通过自动控制，完善系统的运行策略；而且能够在包括施工安装和验收的工程建设全过程严格质量控制，从而在满足用户生活热水需求的同时，保证了系统的安全稳定运行，同时使太阳能热水系统的集热效率与全年保证率得以提高，实现对可再生能源的最大化利用。

当然，与任何事物的发展规律相同，太阳能热水工程的推广应用也会出现良莠不齐的现象。在技术层面暴露的问题主要有：在设计阶段，不做日照分析，导致部分集热器接收不到太阳辐照；未能准确估算实际用热需求，造成集热面积偏大，系统长期在过热状态下运行，全年集热效率较低；未依据标准和产品实测性能参数进行设计计算，集热面积与蓄热体积匹配不合理，影响了系统的实际使用效果。一些集中集热-分散供热太阳能热水系统的运行控制策略存在缺陷，屋顶缓冲贮热水箱与各用户户内设置的供热水箱换热时未设温控阀，导致用户间换热不均；未对集中集热-集中供热系统的供热水管网加强保温，造成热量浪费等。在监管层面出现的主要问题有：因部分投资主体所持的被动态度，造成在招投标环节的低价中标现象，技术水平和产品质量得不到应有的重视；在进行工程验收时，忽视对系统供热水功能、品质和系统节能效益的评估和验证，导致系统在投入实际运行后，不能达到预期的效果。

这些存在的问题，虽然不是普遍现象，但已给太阳能热水工程的健康发展和进一步的推广应用造成了隐患，需要引起充分重视、认真加以解决。相信通过建筑和太阳能热利用两个行业的共同努力，一定能够纠正错误、克服困难，开创太阳能热水技术进步和规模化工程应用的新局面。

24.2　太阳能热水系统建筑应用未来发展

总结当前太阳能热水系统在建筑中应用过程中的成功经验和显现的问题，太阳能热水系统应以如下目标为未来的发展方向。

（1）以保证实际使用效果为出发点，强化和完善太阳能热水系统设计、施工、验收和维护运行的全过程质量控制。

由于部分开发商对太阳能热水技术的认识不到位，推进太阳能热水系统建筑应用的积极性不高，市场中存在一些代理设计、低水平竞争、工程招投标验收不规范等问题，影响了太阳能热水系统的实际应用效果。未来随着市场竞争和监管的逐步正规和完善，太阳能热水系统需要以保证实际使用效果为出发点，依据现行规范标准，强化和完善对太阳能热水系统设计、施工、验收和维护运行的全过程质量控制。

（2）进一步提高与建筑结合的一体化设计水平。

太阳能热水系统与建筑结合的一体化设计不单单是外立面的美观性，还要考虑到抗风、防雷、防雹等安全性，对周围建筑日照、光污染的影响，以及因我国高密度建筑造成的光照不足问题。未来应进一步提高太阳能热水系统与建筑结合的一体化设计水平，例如，在规划设计阶段，运用动态模拟软件进行日照分析，从而保障太阳能集热器表面上接受太阳辐照的日照小时数。

（3）进一步完善和推广热计量技术，提高系统运行管理水平。

对于集中集热的太阳能热水系统来说，解决计量收费是提高系统运行管理的必要手段之一。完善和推广热计量技术，需要政府、开发商、太阳能系统设计机构、施工安装企业、物业管理公司和用户的共同努力。在太阳能热水系统的设计阶段，即将热计量的方式方法以及系统共用部分能耗的合理划分考虑在内，由用户根据用热量承担运行阶段的使用成本，可提高物业管理公司维护管理的积极性。同时，开发准确度高、使用简便、低成本的热水计量仪表，为系统热计量的广泛应用提供必要的工具。

（4）进一步提升太阳能热水系统的自动控制水平，提高对系统性能进行长期监测的能力。

以最大限度利用太阳能为目标，提升太阳能热水系统的自动控制水平。自动控制是实现太阳能热水系统节能效益的关键环节，太阳能属于非稳定热源，需要有动态、变化的控制措施。目前的控制手段和策略还不够细化，特别是在实现太阳能集热系统和辅助能源系统的准确切换，以达到最有效节能目标的控制手段和工具方面，还有很大的技术进步发展空间。发达国家对太阳能热水系统性能的长期监测技术已十分先进，当地政府的优惠政策即以系统的性能监测参数为依据。我国在这方面尚有较大差距，需在今后努力提高相应的能力。

参 考 文 献

［1］ 中国太阳能热利用产业联盟. 中国太阳能热利用产业发展报告（2014～2015）［R］，2016.

［2］ 张昕宇. 真空管型太阳能热水器与中温集热器热性能研究［D］. 天津：天津大学，2015.

［3］ Zheng R，He T，Wang X，et al. The Roadmap research of China solar thermal development［J］. *Energy Procedia*，2014，48（2014）：1642～1649.

［4］ 中国可再生能源学会. 中国太阳能发展路线图 2050［R］，2014.

［5］ 中国城市科学研究会. 中国绿色建筑 2015［M］. 北京：中国建筑工业出版社，2015.

［6］ 郑瑞澄. 民用建筑太阳能热水系统工程技术手册［M］. 北京：化学工业出版社，2011.

［7］ 郑瑞澄，路宾，李忠，等. 太阳能供热采暖工程应用技术手册［M］. 北京：中国建筑工业出版社，2012.